L'Italia che fa acqua

Documenti e lotte per l'acqua pubblica contro la mercificazione del bene comune

A cura di

Riccardo Petrella, Rosario Lembo

Prefazione di

Beppe Grillo

Cantieri Carta
edizioni Intra Moenia

Con il contributo di

Riccardo Petrella, 1941, professore di mondializzazione all'Università Cattolica di Lovanio e, dalla fine di luglio 2005, presidente dell'Acquedotto Pugliese. Insegna anche Ecologia Umana all'Accademia di Architettura (a Mendrisio) dell'Università Svizzera Italiana. Fondatore e segretario generale del *Comitato Internazionale per il Contratto Mondiale dell'Acqua*. Autore de *Il Manifesto dell'Acqua*, 2004. Ha creato e presiede l'Università del Bene Comune di cui la Facoltà dell'Acqua è in attività dal settembre 2004. È stato per diciassette anni direttore del *Fast* (Forecasting and Assessment in Science and Technology) alla Commissione Europea a Bruxelles. Ha presieduto l'Associazione dell'Università Europea dell'Ambiente a Parigi. È Dottore *honoris causa* di sei università del Belgio, del Canada, della Francia, della Svezia e della Danimarca. Fra le sue ultime pubblicazioni: *Il bene comune. Elogio della solidarietà*, 1986; *L'éducation: les cinq pièges*, 2001, (a cura di); *L'eau: res publica ou marchandise?*, 2004; *Il diritto di sognare*, 2005.

L'italia che fa acqua

Documenti e lotte per l'acqua pubblica
contro la mercificazione del bene comune

a cura di Riccardo Petrella e Rosario Lembo

Cantieri: Carta/Edizioni Intra Moenia 2006

Edizioni Intra Moenia
Piazza Bellini 70, 80138 Napoli
Tel. 081290988 – Fax 0814420177
Internet: www.intramoenia.it
E-mail: awander@tin.it

Carta
Via Gran Bretagna 18, 00196 Roma
Tel. 0680692244 – Fax 0680696021
E-mail: carta@carta.org
Internet: www.carta.org

Copertina e videoimpaginazione: Luciano Pennino

Cosa c'entra il mercato con l'acqua?

di Beppe Grillo

V'è certo una differenza tra *l'acqua per la vita* (l'acqua per bere, per cucinare, per l'igiene...) e *l'acqua per la produzione* (l'acqua per irrigare i campi, per produrre l'acciaio o carta da giornale, e ce ne vuole molta per fare tutto ciò). La prima è essenziale ed insostituibile per vivere, tant'è che nessuna specie vivente (esseri umani, piante, animali, microrganismi) può vivere senza acqua, né ha potuto farlo dieci milioni di anni fa e non potrà farlo tra un miliardo di anni. Invece si è vissuto, si può vivere, anche in futuro, senza acciaio, senza pomodori o senza grano. Così, se ci si dovesse trovare di fronte ad una forte penuria d'acqua, la priorità assoluta deve andare agli usi domestici e poi si potrà/dovrà scegliere tra usi alternativi: usare l'acqua per produrre pomodori, o acciaio o, alternativamente, miglio o carta da giornale.

Ciò significa – è il primo punto che desidero sottolineare – che il mercato, cioè la regolazione dei rapporti tra le persone per l'accesso a beni e servizi in funzione del prezzo di scambio tra "produttori/venditori" e "consumatori", non c'entra nulla nel caso dell'acqua. Nel caso dell'acqua per la vita non ci sono "venditori" né "consumatori" ma cittadini, esseri umani, che hanno diritto alla vita e cittadini responsabili della collettività che a nome della comunità devono garantire a tutti, grazie anche all'uso delle risorse finanziarie comuni, l'accesso all'acqua potabile ed, altresì, gran parte dell'acqua per la produzione di quei beni, come il cibo, anch'essi essenziali ed insostituibili per la vita. Mi fanno veramente ridere i politici mercanti ed i mercanti politici che vogliono affidare l'acqua alla "saggezza" del mercato, cioè alla forza degli egoismi e della cupidigia di coloro che vogliono fare profitto persino dell'acqua, approfittando del fatto che tutti devono far ricorso all'acqua per vivere. Come sostiene da anni l'amico Petrella, quando si tratta dell'acqua per la vita ci troviamo nella sfera dei diritti umani e della salvaguardia della sacralità della vita e non nella sfera dei consumi e degli interessi mercantili.

Come si può ammettere di fare profitto sulla pelle della gente? E perché no, dicono i mercanti? Non vi sono forse dei costi per portare l'acqua potabile nelle case? Non v'è forse bisogno di investire grandi masse di denaro per captare l'acqua dalle falde – o dai fiumi e laghi – potabilizzarla, costruire gli acquedotti, i serbatoi e mantenerli? Qualcuno, dicono, deve pur pagare i costi relativi. Cosa c'è di male che questi costi siano pagati da chi consuma l'acqua?

Il ragionamento sembra filare diritto. In realtà si tratta di un ragionamento distorto e fasullo. In effetti, se è vero che l'acqua è essenziale ed insostituibile alla vita, tutti devono avere accesso all'acqua potabile, vecchi e bambini, sani e malati, poveri e ricchi. Tocca quindi alla collettività di farsi carico di tutti i servizi relativi ad un bene cui tutti hanno diritto di accesso e, quindi, coprire i costi associati attraverso la finanza pubblica. I costi per garantire i diritti umani e sociali ricadono sulla responsabilità della collettività, di tutti i membri della comunità, via il "tesoro pubblico" rappresentato dai prelievi (fiscalità) sulla ricchezza collettiva. Chi copre i costi dell'esercito italiano – che sono ingenti – se non il denaro pubblico collettivo? E perché questo? Perché tutti noi condividiamo il principio che la sicurezza collettiva è un bene comune e che ciascuno deve contribuire al suo finanziamento via le tasse.

Ci pensate come sarebbe il mondo se privatizzassimo l'esercito, i carabinieri? Se acquistassimo un pezzo di corazzata o pagassimo individualmente tre o quattro ore di protezione assicurata da un maresciallo dei carabinieri? Le polizie private si stanno sviluppando come funghi. È questo l'avvenire che vogliamo?

E come si può andare a dire al miliardo e mezzo di esseri umani che ancora oggi non hanno accesso all'acqua potabile, **perché sono poveri e non perché manca l'acqua**, di pagare anche i 50 litri al giorno che secondo l'Organizzazione Mondiale della Salute sono necessari per vivere?

Purtroppo, i ricchi, i potenti – che sono sovente prepotenti ed arroganti (nessun riferimento esplicito all'attuale primo ministro italiano) – sono riusciti negli ultimi quindici anni ad imporre l'idea che i cittadini devono pagare anche i 50 litri d'acqua sana al giorno per persona e che, per far questo, il sistema più efficace è di privatizzare e di "liberalizzare" l'acqua (cioè dare la libertà al capitale di sfruttare la vita della gente).

Come si fa – e questo è il mio secondo punto – a privatizzare e liberalizzare la pioggia?

La pioggia non può essere appropriata da nessuno, nemmeno dallo stregone che pretende di saper organizzare i riti propiziatori per far cadere la pioggia. E non mi si dica che una cosa è la pioggia – bene naturale di tutti – e un'altra cosa l'acqua di rubinetto – risultato di una trasformazione complessa e costosa dell'acqua operata dall'uomo e quindi bene economico appropriabile da coloro che hanno investito intelligenza e denaro nella trasformazione e ne fanno un bene di consumo! La funzione è la stessa: dal punto di vista dell'essenzialità ed insostituibilità per la vita, la pioggia e l'acqua di rubinetto sono la stessa cosa. Lo stesso vale per i fiumi o per i grandi acquiferi. Com'è possibile pretendere di vendere l'acqua del Gange, soprattutto allorché le popolazioni dell'India credono che il Gange è sacro?

Penso, in proposito, allo scandalo delle acque minerali. I mercanti sono stati bravissimi ed hanno beffato i politici ed i cittadini. Pur essendo tutte le acque di sorgente e minerali di proprietà pubblica, sono gli azionisti della multinazionale Nestlé (proprietari anche del capitale delle acque minerali del gruppo San Pellegrino) e della multinazionale Danone (proprietari anche del capitale delle acque minerali del gruppo Ferrarelle) che fanno soldi a palate speculando abusivamente sulla salute di tutti noi attraverso il mondo. Oramai per bere, la grande maggioranza degli occidentali usa acque in bottiglia, minerali in particolare, e sempre di meno l'acqua di rubinetto. Ora le acque minerali non sono, per definizione acque "potabili", perchè non sono obbligate di rispondere ai 60 e più criteri imposti dalle autorità nazionali, europee e internazionali affinché un'acqua sia considerata potabile. Solo l'acqua di rubinetto è potabile. Potete spiegarmi perché bisogna spendere tantissimi soldi per portare nelle case un'acqua estremamente potabile per poi non berla ed utilizzarla soprattutto per il WC, le lavatrici e le lavastoviglie, il bagno e la doccia, annaffiare i fiori ed il giardino, lavare le automobili?

Ho avuto la grande fortuna in questi ultimi mesi di battermi insieme ad Alex Zanotelli ed alle popolazioni di Napoli, Caserta, Nola, Castellammare, Nocera... contro la privatizzazione dell'acqua voluta e proposta dai gruppi dirigenti del centro-sinistra. Per il momento abbiamo vinto. È stata una bella battaglia civile, una gioia condivisa, una festa comune, per l'acqua bene comune. Viva l'acqua. Viva la vita.

Introduzione

di Riccardo Petrella e Rosario Lembo

Questo è un libro di militanza. Al servizio di una militanza per l'acqua.

È soprattutto un lavoro di documentazione, anche se non mancano i contributi di testimonianza.

La militanza per l'acqua in Italia, se si va al di là dei temi ambientalisti e dell'importante opera di sensibilizzazione ed educazione civica delle giovani generazioni condotta dal mondo della scuola, è piuttosto giovane. È nata, si può dire, nella seconda metà degli anni '90.

Essa si sviluppa negli ultimi cinque anni, da un lato, sulla scia dei due primi Forum Sociali Mondiali di Porto Alegre che trovano, nel campo dell'acqua, proprio in Italia, una prima strutturazione di movimento per "Un altro mondo è possibile" nella assemblea tenuta a Firenze nel 2003 del 1° Forum Alternativo Mondiale dell'Acqua, promosso dal Comitato Italiano per il Contratto Mondiale dell'Acqua e numerosi altri movimenti "altermondialisti". Dall'altro, essa si afferma in reazione ad un deterioramento eclatante della politica, del vivere insieme e della "*res publica*", nel contesto di una diffusa mercificazione e privatizzazione dei beni comuni, all'insegna di un individualismo predatore della ricchezza collettiva e di un consumismo dilapidatore delle ricchezze naturali del pianeta.

Così, "le battaglie per l'acqua bene comune" e per l'acqua pubblica sono esplose in tutte le regioni d'Italia: la militanza è diventata una militanza politica, di cittadini, ricca, diversificata, innovatrice.

La storia di questi dieci anni di militanza è da iniziare. Forse è ancora troppo presto per farlo. Non è così, però, per quanto riguarda il lavoro preparatorio di raccolta di documenti, di testi, di proposte, di "prime" analisi. È importante, infatti, cominciare ad alimentare una memoria della militanza per l'acqua in Italia.

Senza memoria non v'è cultura e senza cultura non v'è progetto, capacità autonoma di pensare il divenire.

In questo senso, questo lavoro è il primo libro, il primo modesto – è vero – tentativo di contribuire a "fare memoria".

La sua struttura è semplice. Dopo un'introduzione di Petrella che situa la militanza dell'acqua nel più largo contesto delle lotte per i beni comuni ed una breve nota, sempre di Petrella, sul lessico politico della nuova militanza per l'acqua, segue una serie di descrizioni fattuali sulle lotte per l'acqua in Italia, descrizioni di tipo generale (Lembo, Santostasi), territoriale (Fattori, Pinna, Autori vari), specifico (Moretuzzo). Questa parte si conclude con una breve testimonianza di Alex Zanotelli e con un sorvolo delle "cento e più" lotte molecolari realizzato a partire dalla base di dati di Carta.

La parte successiva contiene la descrizione delle lotte condotte da soggetti istituzionali quali i parlamentari (Folena), le aziende e gli enti pubblici del settore idrico (Petrella). Ad essa seguono due contributi di analisi politica "a caldo" sul significato strategico delle lotte per l'acqua a livello internazionale ed europeo (Petrella) e nazionale italiano (Molinari).

La conclusione cerca di riassumere, attorno a tre sfide, il senso della militanza per l'acqua per i prossimi dieci/quindici anni.

Per ragioni di economia del volume, siamo stati obbligati a limitare il contenuto della sezione documentaria, originariamente ricca di altri testi prodotti da Legambiente, Wwf, Attac-Italia..., alle tesi e campagne promosse dal Comitato italiano per il Contratto Mondiale dell'Acqua, che è considerato unanimemente fra i primi e principali soggetti dello sviluppo della militanza politica per l'acqua in Italia.

Ringraziamenti

Un ringraziamento speciale va a Sandro Morelli, direttore della rivista Quale Stato, trimestrale della Funzione Pubblica Cgil, per averci autorizzati a pubblicare tre articoli apparsi sul n° 3-4 di Quale Stato. Si tratta dei testi di Mario Santostasi (Chi ben comincia...), di Tommaso Fattori e Vincenzo Striano (L'acqua, bene comune) e di Giovanni Pinna (Per il governo pubblico dell'acqua).

Un grazie caloroso altresì a Giulietta Rak che ha efficacemente collaborato con competenza ed impegno alla realizzazione del libro. Senza il suo aiuto non saremmo mai stati capaci di mantenere la scadenza prefissa. Un bel grazie anche a Anne Rondelet-Petrella per aver letto le prove con diligenza ed accuratezza.

Infine un ringraziamento militante va ad Anna Pizzo e Pierluigi Sullo di Carta ed a Attilio Wanderlingh di Intra Moenia che hanno accettato con entusiasmo e fiducia di farsi portatori-editori di un libro... avventura.

Per una società dei beni comuni

Riccardo Petrella*

Non era mai successo prima, in Italia, che uno degli spartiacque maggiori di divisione e di conflitto fra le forze politiche, in particolare le forze di centro-sinistra, fosse l'acqua, che fino a poco tempo fa non aveva mai fatto parte dei temi caldi dell'agenda politica. Eppure il solo punto critico dell'attrito fra i partiti dell'Unione nella fase ultima di redazione del programma si è avuto sull'acqua. L'acqua ha visto schierati in posizioni frontali gli uni contro gli altri, da un lato, i DS e la Margherita e, dall'altro, Rifondazione, i Verdi ed il Pdci. I primi erano favorevoli alla liberalizzazione e privatizzazione dei servizi idrici, gli altri fortemente opposti. Hanno vinto questi ultimi.

Nè era mai successo di vedere durante sedici e più mesi costituirsi numerosi "comitati civici" di quartieri, di comuni, organizzare ripetute manifestazioni pubbliche, partecipare attivamente con note, documenti e proposte alle riunioni dei consigli municipali e dell'assemblea regionale, scendere in piazza e sfilare nelle strade di Napoli in migliaia di persone **unicamente** per rivendicare "l'acqua bene comune", protestare contro la privatizzazione dei servizi dell'acqua decisa da una giunta regionale e da un consiglio comunale di sinistra, e proporre un governo pubblico dell'acqua a livello dell'Ato (Ambito Territoriale Ottimale) di Napoli e Caserta. Mai visto cosa simile.

All'ultima manifestazione di strada a Napoli cui ho partecipato il 31 gennaio 2006, animata come oramai da mesi con grande forza, persuasione ed entusiasmo da Beppe Grillo e Alex Zanotelli, il "comico fuori legge" ed "il pretino", diventati i simboli forti della battaglia dell'acqua di Napoli e Campania, mi è parso di trovarmi a Cochabamba, in Bolivia, dove per mesi i cochabambini, contadini per lo più, hanno lottato, e vinto, contro il governo che aveva spudoratamente ceduto la gestione dell'acqua ad una compagnia multinazionale americana. Perché l'acqua è diventata un problema politico critico anche in Italia, come è successo, o lo sta diventando, in Francia, in Argentina, in Canada, in Brasile, in India, in Cina, nel Mali, nel Ghana, in Marocco, in Uruguay, nei Paesi Bassi, in Russia, nel Kazakhistan?

Mi sembra che alla domanda si possa risponder dicendo che la ragione principale sta nel fatto che gli italiani, e gli altri popoli del mondo, specie se si trovano in uno stato di spoliazione dei loro diritti e della loro "sovranità" collettiva su beni comuni essenziali ed insostituibili per la vita ed il vivere insieme, hanno capito che l'acqua rappresenta un bene emblematico di una partita decisiva nella quale si sta giocando il diritto alla vita delle persone e la ragione d'essere delle comunità sociali. Come può una società esistere, fare società, dare identità, suscitare appartenenza, garantire la sicurezza ai cittadini se i suoi membri non hanno niente in comune, non condividono nessuna responsabilità né senso di solidarietà, nemmeno per quanto riguarda i beni ed i servizi essenziali per vivere, e vivere insieme?

Noi tutti stiamo capendo che la competitività non c'entra nulla con l'acqua, la salute, l'educazione. Come si può lasciare alla competitività, cioè alla rivalità tra le persone, l'accesso all'acqua potabile, che è un diritto umano, cioè universale, indivisibile ed imprescrittibile?

In realtà, negli ultimi trenta anni, le società "occidentali" hanno sempre di più esaltato il valore non dei diritti umani e sociali ma quello dei bisogni individuali, da soddisfare in un contesto regolato dalla concorrenza nell'accesso all'uso dei beni e, quindi, dalle dinamiche di mercato. Ciò si traduce nel primato dato dalle nostre società all'individualismo ed all'imperativo dell'ottimizzazione dell'utilità individuale come principi fondatori dell'organizzazione della società umana.

Una società spappolata, violenta

I concetti di benessere e di ricchezza sono stati ridotti a quelli di benessere personale e di ricchezza individuale. La nozione di ricchezza collettiva non fa più parte, spontaneamente, del bagaglio culturale della gente. Ciò che fu, fino a non molto fa, il "tesoro pubblico", cioè le finanze pubbliche, oggi è considerato piuttosto come una forma di esproprio operato dai poteri pubblici sulla ricchezza individuale dei cittadini. Prelevare una parte della ricchezza prodotta di un paese, via la fiscalità, per finanziare la costruzione e la manutenzione di ospedali, di scuole, di alloggi sociali, di acquedotti, di reti di trasporto urbano è sempre meno accettato come giusto e necessario. Fra le funzioni pubbliche, la sicurezza collettiva (l'esercito, la polizia..) resta un settore dove il finanziamento pubblico è ancora accettato. Per quanto tempo?

La maggioranza delle classi dirigenti è riuscita ad imporre una visione utilitarista e corporativa della società basata su due principi fondatori.

Primo: i costi associati all'accesso ai beni e servizi essenziali ed insostituibili alla vita ed al vivere insieme – comunemente definiti **beni/servizi di cittadinanza**, cioè che traducono concretamente il senso del riconoscimento di ciascuno di noi come cittadino – devono essere presi a carico dal consumatore del bene e/o del servizio [1]. Non vi è più il cittadino che ha dei diritti umani e sociali all'acqua, all'alloggio, alla salute, all'educazione, gratuitamente, dove i costi sono coperti dalla collettività e finanziati via la fiscalità. L'accesso alla vita ed il livello di qualità della vita si fanno sempre più dipendere dal potere di acquisto individuale. Da qui il ritorno alle ineguaglianze strutturali fra le persone ed i gruppi sociali nell'accesso alla salute, alla sicurezza di vita, all'educazione, documentato in tutti i paesi ricchi, in primis negli Stati Uniti [2].

Lo stesso dicasi dell'interesse generale, confiscato e pervertito dagli interessi particolari dei gruppi forti organizzati a livello mondiale, capaci di imporre un "governo" delle risorse del mondo a loro esclusivo vantaggio. Vedasi il caso dei brevetti sui microrganismi e le specie vegetali d'importanza fondamentale per l'industria farmaceutica per cui la "salvaguardia" del diritto di proprietà privata sul capitale vivente prevale sulla difesa del diritto alla salute di intere popolazioni.

Secondo: l'accesso ai detti beni e servizi deve operare in un contesto di "liberi" scambi di merci e di servizi in "liberi" mercati concorrenziali internazionali, prodotti e gestiti da imprese private ex-municipalizzate, sempre di più governate da imperativi di natura finanziaria (ottimizzare il ritorno sugli investimenti) la cui determinazione è decisa dai "liberi" mercati finanziari mondiali [3].

Lo spirito che anima il sistema attuale è la competitività, cioè la rivalità per la conquista dei mercati e quindi l'esclusione dei perdenti e di tutti coloro (individui, città, regioni, paesi) il cui potere d'acquisto non permette di ottenere il rendimento sugli investimenti al livello ottimale dettato dai mercati finanziari. La competitività è diventata il principio di selezione dei migliori che legittima il clima di "guerre economiche" in cui si trovano le nostre società. Non si garantisce più alcuna sicurezza (di reddito minimo, di salario decente, di copertura dei rischi di malattia, di pensione...). "Sii competitivo e sopravvivrai", questo è il messaggio "biblico" imposto negli ultimi venti anni [4].

La società ha fatto della violenza il principio regolatore delle relazioni tra gli individui, i gruppi, le città, violenza che diventa guerra globale e permanente tra paesi e "civiltà". L'altro è necessariamente diventato il nemico, vuoi un terrorista potenziale o reale.

Su queste basi è impossibile costruire un vivere insieme "sostenibile", né tanto meno promuovere forme sociali giuste, democratiche, rispettose della diversità. Altro che "comunità", che "democrazia partecipata"! Quel che diventa possibile, soprattutto a livello continentale e mondiale, è soltanto la creazione di mercati, di "mercati comuni" (come è essenzialmente l'Unione Europea) e la costituzione di forti centri di potere, di "imperi", fondati sulla logica di conquista e di dominio. In questo contesto, la forza del diritto che ha rappresentato una delle conquiste sociali maggiori del secolo XIX – lo "Stato di diritto" – è rimpiazzata dal diritto della forza.

I detentori della forza sono oggi rappresentati dagli Stati Uniti, dal Giappone e dagli Stati europei, e in fase crescente, dalla Cina. La loro forza è legata ai gruppi finanziari, industriali e commerciali che fanno di questi Stati delle "potenze" militari e/o politiche grazie al controllo dell'uso delle risorse strategicamente importanti (il petrolio, il gas, le materie prime, le risorse biologiche, le conoscenze...) e quindi dei sistemi di produzione, distribuzione e consumo.

La società attuale è una **società di proprietari rivali, fondata sull'appropriazione, l'esproprio e il ricatto**. I potenti si appropriano della ricchezza del mondo ed impongono la difesa della loro libertà di conquista e di esproprio come l'espressione della libertà e dell'efficienza. L'hanno fatto i romani 2000 anni fa, gli spagnoli e poi gli olandesi nei secoli XVI e XVII. Hanno continuato a farlo gli inglesi ed i francesi nel XVIII e nel XIX secolo: oggi è la volta degli Stati Uniti. La protezione della sicurezza delle loro proprietà e della loro libertà d'azione diventa la sicurezza del mondo [5]. A tal fine, esercitano un ricatto permanente non solo sulle élite locali dei vari paesi del mondo ma sull'insieme della popolazione mondiale. Il ricatto è finanziario, tecnologico, commerciale, politico: "se voi non ci lasciate liberi di accedere alle vostre risorse da cui dipendono il mantenimento e la crescita del nostro modo di vita (ricordiamo cosa dicono gli Stati Uniti: «the american way of life is not negotiable»), non vi accorderemo più i finanziamenti di cui avete bisogno, non trasferiremo più le nuove tecnologie, non compreremo più le vostre materie prime, non vi appoggeremo più in seno alle organizzazioni politiche internazionali e se necessario ricorreremo alla forza, anche armata".

L'applicazione di questi principi nel corso degli ultimi venti anni ha sfasciato la società italiana. Essa ne è uscita spappolata, disaggregata, aggressiva, individualista all'estremo, in balia dell'arroganza dei forti. L'Italia derivata dagli anni '80 e '90 non è una società serena, che ha fiducia in sé stessa e nel suo futuro.

Ripartire dal vivere insieme

Combattere questa società, far sì che i suoi principi fondatori ed i suoi meccanismi non governino più il divenire delle popolazioni del mondo intero ma siano rimpiazzati dai principi del diritto alla vita uguale per tutti, nella giustizia, nella solidarietà, nella fratellanza, e nel rispetto della sostenibilità del pianeta Terra, questo è il senso "rivoluzionario" dei movimenti sociali nati negli ultimi anni attorno all'affermazione dell'esistenza e della promozione di beni comuni.

Il XX secolo è stato marcato, nei paesi del "Nord" del mondo, dalla conquista del diritto alla sicurezza e della protezione sociale per tutti grazie alla realizzazione dello "Stato del Welfare". La "rivoluzione" è consistita in un mutamento radicale nei rapporti tra capitale e lavoro riguardo il governo sulla produzione e la distribuzione della ricchezza. Nei paesi del "Sud", la "rivoluzione" più significativa ha riguardato le relazioni tra potenze coloniali e popoli colonizzati, questi ultimi essendo stati capaci di conquistare, in molti casi non solo formalmente, la loro indipendenza ed affermare la loro identità e specificità.

Oggi la "rivoluzione" da realizzare, comune alle popolazioni del Nord e del Sud, è duplice. **Essa riguarda, da un lato, i rapporti di forza tra la vita come diritto** – un diritto non solo degli esseri umani (obiettivo prioritario), ma anche dell'insieme della vita dell'ecosistema Terra – **e la mercificazione della vita** – dove il valore del vivente e di ogni altra cosa è dato dal loro valore di scambio come merce. **Essa concerne, dall'altro lato, l'opposizione tra la mondialità della condizione umana e della sicurezza dell'umanità e la globalizzazione del capitale finanziario e del suo potere di dominio**. Lo scontro oppone la società della "**competizione mondiale per la sopravvivenza**" dei più forti alla società del "**vivere insieme dell'umanità**".

Questa duplice rivoluzione è alla base delle nuove forme di mobilitazione politica e sociale, sempre più mondiale, dei cittadini attorno ai beni comuni. La si trova, per esempio, a proposito:

- dell'*acqua*, dove le lotte le più partecipate, popolari, in certi casi violente in ragione della violenza strutturale esercitata dai dominanti, sono contro l'esproprio abusivo ed il saccheggio distruttore del bene. Penso alle lotte delle decine di migliaia di indiani, donne soprattutto, e delle popolazioni indigene in America latina contro la costruzione di grandi dighe. Essi rifiutano la distruzione delle loro terre e di abbandonare i loro luoghi di storia, di vita in comune, i loro villaggi e città. Penso anche alle battaglie europee attuali contro la mercificazione dell'acqua e la privatizzazione dei servizi idrici;
- della *conoscenza*, contro i brevetti di proprietà intellettuale privata che costituiscono lo strumento più efficace di furto legalizzato sulle risorse naturali del pianeta e di mercificazione del vivente, compreso l'essere umano, senza parlare della mercificazione dell'intelligenza e della creatività umane. Le ripercussioni sulle attività di ricerca scientifica e sull'educazione – loro finalità e modalità di organizzazione e di finanziamento – sono particolarmente devastanti: appropriazione privata dei saperi e mercificazione dell'educazione, in particolare dell'università;
- della *salute,* per impedire il ricorso e la diffusione indiscriminata, senza attività internazionali trasparenti di valutazione preliminare rigorosa, all'uso di OGM in agricoltura ed a forme d'ingegneria genetica miranti alla riproduzione umana. Penso altresì alle lotte contro la privatizzazione del sistema sanitario e lo smantellamento dello Stato del welfare ed il conseguente ritorno di forti ineguaglianze e discriminazioni sociali nel campo del diritto alla salute. Un diritto qualitativamente accessibile in funzione del reddito disponibile rappresenta una forma potente di negazione del principio di uguaglianza e quindi del vivere insieme;
- dell'*energia*, dove le lotte per riconvertire tutto il sistema energetico mondiale sulle fonti di energia locali e di prossimità quali il solare e le altre forme di energia – derivate dal solare – dette "verdi" e "rinnovabili", sono sempre di più massicce ed efficaci. Ciò contro sia coloro che continuano ad imporre l'utilizzo fino all'esaurimento delle energie fossili, sia contro i nuclearisti (lungi dal dimostrare di essere una soluzione globale e di lungo termine, il nucleare

ha dato le prove di essere solo capace di spostare su altri terreni e su scale temporali ancor più grandi la natura dei problemi ed i pericoli connessi).

Le lotte per l'acqua

Di tutte le battaglie attuali, quella per l'acqua ha sopratutto un valore concreto fortissimo perché se è vero che milioni di gente possono e hanno potuto vivere anche senza amore, nessuno – nessuna specie vivente – è mai riuscita, milioni di anni fa come fra un miliardo di anni, a vivere senza acqua. L'acqua è non solo essenziale per vivere ma anche insostituibile. Nel settore dell'energia, invece, v'è sostituibilità fra le varie energie. Per migliaia di anni si è utilizzato il legno, poi il carbone. Oggi, le energie non rinnovabili devono essere sostituite da quelle rinnovabili ed anche in seno alle energie derivate dal sole, v'è sostituibilità, entro certi limiti, tra l'elettricità dal vento, dai pannelli solari e da biomassa.

L'acqua ha, inoltre, un altissimo valore simbolico, per di più in tutte le civiltà umane. Quel che la rende simbolicamente una dimensione universale della vita è che essa è stata sentita, pensata, vissuta, come l'espressione semplice ma totale della vita e del suo alter indissociabile che è la morte: allo stesso tempo purificatrice e portatrice di malattie, luogo di sporcizia e di candore, di flusso e di stagnazione, esempio massimo di cristallinità e di torbidità, dispensatrice di ricchezza e forza irresistibile, immane, di distruzione, l'acqua è dappertutto sinonimo di "origine della vita", divinità essa stessa. L'acqua evoca il sacro, la sacralità della vita.

Quest'ultimo aspetto – la sacralità della vita – è essenziale per comprendere il significato profondo e la natura non provvisoria delle lotte attuali per l'acqua in tutto il mondo, dall'India alla Francia, dal Mali al Quebec.

Non è un caso, in effetti, che le lotte dell'acqua sono esplose soprattutto nelle società dove, come in Italia, la riduzione di ogni cosa a merce e l'orgia del consumismo stanno mettendo a nudo la miseria culturale e sociale di un modo di vita distruttore della vita, della natura, dissipatore dei legami sociali e distruttore della solidarietà tra i popoli e tra le generazioni.

La sacralità della vita significa che l'acqua fa parte dei "doni" della vita ed in quanto tale è espressione intrinseca della gratuità della vita. Non fa parte del mondo dello scambio commerciale e, per conseguenza, non può essere sottomessa alle regole dei mercanti. L'economia dell'acqua è parte integrante dell'economia della gratuità. Con i tempi che corrono, si tratta di una sfida fondamentale, di civiltà, che si pone ben al di là dei termini del dibattito sull'efficienza, l'efficacia e la performance economico finanziaria entro i quali i gruppi dominanti sono riusciti ad imprigionare la problematica dell'acqua [6].

In Italia siamo alla vigilia di un importante appuntamento politico. Ad esso, tantissimi italiani attribuiscono un grande valore di speranza. Si augurano che il Paese abbandoni le politiche spregiudicate ed i comportamenti abusivi di un potere unicamente rivolto a soddisfare al massimo i propri interessi personali di arricchimento ed imbocchi la strada della promozione di una società mirante alla garanzia dei principi di uguaglianza nei diritti, di giustizia sociale, di solidarietà e di un vivere insieme fondato sul **governo dei beni comuni**.

Note

[1] Applicato all'acqua, questo principio è alla base dei processi di mercificazione e di privatizzazione dell'acqua negli ultimi anni. Introdotto formalmente dalle Nazioni Unite nel 1992 in occasione della Conferenza Internazionale delle Nazioni Unite sull'acqua a Dublino, esso è stato "codificato" dalla Banca Mondiale nel suo documento fondatore della "nuova cultura dell'acqua", *Integrated Water Resources Management*, pubblicato nel 1993.

[2] Uno degli indicatori più forti del ritorno della grande povertà nei paesi ricchi è la percentuale crescente dei cosiddetti "working poors" cioè delle persone che pur avendo un impiego vedono il loro reddito reale medio diminuire. Si stima che questa percentuale si situi in Europa occidentale tra il 15 ed il 20% della popolazione lavorativa.

[3] Oltre al Wto (World Trade Organisation), creato nel 1994, nell'ambito del quale sono stati aperti in negoziati Gats (General Agreements on Trade of Services), la spinta più forte alla liberalizzazione dei servizi in Europa è stata data dall'Unione Europea in applicazione della creazione del mercato unico interno che ha condotto, inevitabilmente, all'eliminazione di ogni monopolio pubblico nazionale e locale, per rimpiazzarlo però con monopoli od oligopoli privati locali, nazionali, europei.

[4] Ho denunciato gli effetti nefasti e distruttori dell'applicazione dell'imperativo della competitività in una serie di articoli pubblicati da *Le Monde diplomatique* negli anni '80 e all'inizio degli anni '90 ed, in maniera più organica, in *Limiti alla competitività*, Edizioni Il Manifesto, Roma 1996.

[5] Ho analizzato questo fenomeno in *Il diritto di sognare*, Spengler & Kupfer, Milano 2005.

[6] Si veda in proposito, Riccardo Petrella, *Uscire dal quadrato*, pubblicato su Carta, novembre 2005.

*** Fondatore dell'Università del Bene Comune e del Comitato Internazionale per il Contratto Mondiale dell'Acqua.**

Appunti su un movimento "cittadino" in formazione

Rosario Lembo*

Non è facile, perché siamo in piena attualità, tracciare un bilancio della mobilitazione civile e "politica" dei cittadini che si è sviluppata in Italia nel settore dell'acqua negli ultimi cinque anni.

Allorché, nel marzo del 2000, il Comitato Italiano per il Contratto Mondiale dell'Acqua avviò le sue attività, la mobilitazione sulle problematiche dell'acqua era piuttosto debole, e centrata essenzialmente sugli aspetti ambientali. Si parlava di acqua soprattutto in caso di crisi e di emergenze (inquinamento industriale di un fiume, siccità estiva, abbassamento di una falda, interruzione di erogazione idrica...). Ciò indusse i promotori del Comitato, a seguito della pubblicazione presso le edizioni del Gruppo Abele de "Il Manifesto dell'Acqua", a darsi tre obiettivi prioritari:

- promuovere nell'opinione pubblica una consapevolezza ed una cultura dell'acqua come diritto umano e come bene comune da tutelare e salvaguardare anche per le future generazioni, in opposizione al processo di mercificazione in atto;
- elaborare e sperimentare nuove strade nella gestione di questo bene per sviluppare un governo pubblico dell'acqua, in contrasto con i processi di privatizzazione, liberalizzazione e deregolamentazione;
- portare questi temi al vertice dell'agenda politica italiana.

Oggi, *la questione dell'acqua* fa parte di un vasto dibattito pubblico che vede coinvolta la gente "normale". È entrata nei programmi dei partiti politici. I cittadini si mobilitano dappertutto, creando comitati civici di "militanza attiva" contro la privatizzazione dei servizi idrici ed il commercio dell'acqua, per l'accesso all'acqua potabile per tutti gli abitanti del pianeta, contro la costruzione di grandi dighe, per arrestare il dissesto generalizzato idrogeologico del paese e l'inquinamento delle falde a causa specialmente di una agricoltura intensiva dissennata.

L'acqua è diventata oggetto di inchieste dei mass media. Se ne parla sempre di più alla radio ed anche in trasmissioni televisive molto popolari (come *Domenica in, Che tempo fa...)*. Non si contano più le tesi di laurea e le scuole che hanno intrapreso percorsi didattici sui temi dell'acqua. V'è anche effervescenza nel campo della creazione (le opere teatrali, musicali, pittoriche e cinematografiche realizzate da artisti e dedicate all'acqua si stanno moltiplicando ad un ritmo elevato). Termini come "diritto umano" e "bene comune" applicati all'acqua stanno entrando nel linguaggio di uso corrente.

Infine cresce il numero degli amministratori degli enti locali che si impegnano nei rispettivi territori per una gestione pubblica dell'acqua e l'acqua diventa uno strumento per costruire nuovi percorsi di solidarietà fra comunità e cittadini.

Questo nuovo scenario culturale e propositivo che si è creato intorno al bene "acqua" è il frutto di una articolata campagna nazionale che è stata portata avanti con lo slogan *"acqua bene comune"* che ha visto la collaborazione di diverse associazioni, ma si è articolata anche attraverso molteplici forme di lotta per l'acqua in Italia che si sono svolte nel corso degli ultimi cinque anni e possono essere raggruppate in tre grandi categorie d'impegno:

- la salvaguardia "ambientale" dell'acqua come bene "naturale" e bene comune;
- le lotte contro la privatizzazione dei servizi idrici ed in favore del mantenimento della gestione in mani pubbliche o della sua ripubblicizzazione;
- le battaglie contro la mercificazione dell'acqua e la sua "coca-colizzazione", per una cultura dell'acqua simbolo della sacralità della vita.

La salvaguardia "ambientale" dell'acqua come bene "naturale" e bene comune

La lotta popolare contro il 3° traforo nel Gran Sasso. Questa vertenza si è sviluppata contro la decisione presa dalle autorità governative nazionali e da una larga parte del potere politico regionale di aprire un terzo traforo per l'ampliamento delle capacità operative del Laboratorio Sperimentale sotterraneo sul nucleare del Cnr. Le opere previste avrebbero distrutto numerose falde e messo a rischio di inquinamento e contaminazione altre sorgenti presenti nel

Gran Sasso. La mobilitazione e le iniziative di cui si sono fatti promotori vari gruppi locali, fra i quali il Wwf e l'Abruzzo Social Forum (di cui fa anche parte il comitato territoriale del Contratto Mondiale dell'Acqua), hanno creato condizioni di maggiore consapevolezza nella popolazione, tali da influire sulle decisioni politiche regionali tradottesi nella sospensione dei lavori e nell'avvio di un vasto dibattito politico in Abruzzo sul governo dell'acqua come bene comune e sulla privatizzazione dei servizi idrici.

Per l'occasione si è anche aperta una discussione riguardo la fattibilità e l'opportunità del trasferimento delle acque verso l'acquedotto pugliese. Come è noto, la Puglia è una regione che manca di acqua e dipende per i suoi approvvigionamenti dalle regioni limitrofe, in particolare la Campania, la Basilicata e, in misura minore, il Molise. Queste regioni hanno fornito l'acqua alla Puglia fin dalla creazione dell'acquedotto pugliese nel 1906. Da anni si parla anche di un intervento dell'Abruzzo.

Altro aspetto positivo della mobilitazione della società civile in Abruzzo: l'Abruzzo Social Forum ha trovato, proprio nella lotta per l'acqua, il contenuto unificante tra le diverse realtà associative e negoziale con le istituzioni, tali da divenire un soggetto politico attivo, rispettato, che attraverso il confronto ed il dibattito politico è riuscito a creare le condizioni che hanno portato la Regione ad emanare una legge che identifica nella gestione pubblica *in house* il modello preferenziale.

La lotta della Val di Lemme contro il cementificio devastatore delle falde. È una delle vertenze territoriali di più lunga durata, avviata da movimenti ambientalisti e sostenuta, negli ultimi tre anni, anche dal Comitato per il Contratto Mondiale dell'Acqua. Si è sviluppata in seguito al tentativo dell'imprenditore Caltagirone di aprire una carriera di scavo di ghiaia per la produzione di cemento con la conseguente distruzione delle falde di Gavi Ligure di altri paesi minori e di accedere, in sostituzione di esse, alle acque del torrente Acque Striate. Acque protette che scorrono in una zona altrettanto protetta da vincoli europei.

La lotta ha visto la mobilitazione dell'intera cittadinanza, il blocco dei lavori delle ruspe, l'intervento delle forze dell'ordine, l'adesione di tutte le associazioni ambientaliste, l'intervento della magistratura e del Consiglio di Stato. Il ricorso alla Commissione europea ha portato all'affossamento del progetto ma questa vertenza ha evidenziato la permanenza nel mondo imprenditoriale italiano di imprese portate, senza alcun scrupolo, ad assaltare il territorio, impadronirsi dei beni comuni e sfruttarli al massimo della loro cupidigia.

Le mobilitazioni di Nocera Umbra, per la difesa della sorgente d'acqua minerale a rischio di essere "concessa" allo sfruttamento e all'imbottigliamento da parte della società privata Rocchetta.

Le mobilitazioni del volterrese, contro lo scempio operato dalla multinazionale belga Solvay che da anni usa, senza regole e costi, le acque di tutta la zona per sciogliere il salgemma nelle cave a monte convogliando poi questa soluzione salina nei suoi stabilimenti di Piombino.

Le mobilitazioni delle popolazioni delle province di Lucca e di Ascoli Piceno. A Lucca si è trattato soprattutto delle denunce contro le cartiere lucchesi che sono all'origine di enormi consumi e prelievi di acqua di buona qualità, favoriti dalle concessioni a costi bassissimi accordate dalle istituzioni regionali in nome della difesa e promozione dell'occupazione. Ad Ascoli Piceno la popolazione si è opposta alla decisione di un sindaco schieratosi a favore della privatizzazione di una sorgente locale giustificandola con i posti di lavoro che sarebbero stati creati dalla società di imbottigliamento. Opporre occupazione contro sviluppo sostenibile costituisce un alibi mistificatore, troppo facilmente utilizzato dalle classi dirigenti politiche incapaci di liberarsi dall'ideologia della crescita economica competitiva globalizzata.

Le mobilitazioni della Valtellina e di Cuneo in difesa delle sorgenti e dei piccoli salti, contro la tendenza, assai diffusa fra gli enti locali, di dare in concessione le sorgenti ad imprese di imbottigliamento o di imbrigliare i piccoli salti dei torrenti per produrre energia, con conseguenze sovente disastrose sugli assetti idrogeologici delle regioni alpine e dei regimi idrici in alta quota.

La nuova vertenza dell'Acna in Val Bormida. Una nuova ondata di mobilitazione da parte della popolazione locale a tutela della continuità del processo di bonifica della Valle Bormida è stata provocata dalla sostituzione del commissario governativo alla bonifica della valle e del sito dell'Acna di Cengio avvenuta l'11 gennaio 2005. La battaglia si sta ora combattendo per lo più nelle aule dei tribunali. Sia il TAR Liguria che il Consiglio di Stato hanno riconosciuto come valide le ragioni delle associazioni ed istituzioni locali ed hanno imposto la reintegrazione nel suo incarico del commissario sostituito.

Le lotte contro la privatizzazione

Uno degli obiettivi portanti della nascita del Comitato italiano è stata l'opposizione al processo di privatizzazione che sembrava inarrestabile e che aveva conquistato la quasi totalità delle istituzioni e dei partiti italiani.

Oggi il processo di privatizzazione appare frenato, vuoi arrestato. Se i partiti dell'Unione del centro-sinistra vincono le elezioni, e se non cambiano posizione cammin facendo allorché saranno nuovamente al potere, la privatizzazione dei servizi idrici non sarà più possibile: nel programma dell'Unione v'è scritto a chiare lettere che il settore dell'acqua deve restare interamente pubblico sia per quanto riguarda la proprietà delle reti che la gestione dei servizi ed anche nel programma di Prodi si parla di ripubblicizzazione.

Fra le tante lotte che hanno condotto a questo importante risultato "politico" e consentito al Comitato di raggiungere l'obiettivo di mettere il tema di una politica pubblica dell'acqua al centro dell'agenda politica italiana, ne citiamo alcune, tra le più significative, scusandoci per eventuali omissioni.

L'Abruzzo. Le lotte già menzionate contro il 3° traforo del Gran Sasso hanno largamente contribuito a far nascere un movimento cittadino di lotta contro la privatizzazione dell'acqua. Vincitore delle elezioni regionali del 2005, il centro-sinistra ha deliberato, con legge regionale, in favore dell'opzione della gestione *in house*. Il primo Ato ad applicare la nuova legislazione regionale è stato quello pescarese. Dei sei Ambiti Territoriali Ottimali in cui l'Abruzzo è stato suddiviso attualmente solo l'Ato di Sulmona non ha ancora deciso in favore della soluzione *in house*.

La Campania. Si tratta di una situazione complessa, difficile, piena di contraddizioni all'interno delle stesse formazioni politiche. La volontà espressa nel 2004 da tutte le istituzioni della regione campana – Comune di Napoli, Provincia, Regione – di privatizzare interamente il servizio idrico di uno dei più grandi Ambiti Territoriali Ottimali, l'Ato 2 di Napoli-Caserta, attraverso due passaggi di gara pubblica, è all'origine di un grande movimento di opposizione e di mobilitazione popolare. Questo è diventato uno dei movimenti più forti di lotta per l'acqua in Italia anche perché ha trovato nell'impegno di Alex Zanotelli e di Beppe Grillo due convinti sostenitori. Esso è stato capace di bloccare la privatizzazione tanto che, agli inizi di febbraio del 2006, nessun esponente politico al potere in Campania ha osato più dichiararsi pro-privatizzazione, rinnegando cosi spudoratamente le posizioni difese in maniera arrogante in precedenza ed assunte formalmente nell'assemblea dell'Ato.

Il movimento ha dato la nascita a numerosi "comitati civici" a livello delle circoscrizioni e dei quartieri nelle città di Napoli e di Caserta, che hanno portato dopo un anno di mobilitazione, attraverso incontri pubblici e manifestazioni di massa davanti alle sedi istituzionali ed in occasione delle assemblee dell'Ato, a far approvare dai sindaci l'odg per il ritiro della delibera che fu all'origine della scelta del modello misto. Il movimento è riuscito a mettere in difficoltà il governo cittadino e regionale e, fatto importante, ha obbligato i media ad informare di ciò che gli enti locali stavano decidendo nel più completo silenzio, facendo fallire i tentativi operati dai poteri politici di imbavagliare le denunce di Alex Zanotelli e di Beppe Grillo. La vittoria è arrivata a fine gennaio, con la decisione della Assemblea dell'Ato 2 di ritirare la delibera del novembre 2004 con conseguente annullamento del bando di gara. Sulla scia del successo di Napoli, una campagna di mobilitazione finalizzata alla ri-pubblicizzazione dell'Ato 3 vesuviano-sarnese, ha preso nel frattempo il via ed in tutta la Campania cresce la mobilitazione dei cittadini in favore della gestione pubblica in tutti gli Ato.

Questo nuovo clima, e le imminenti elezioni, hanno portato le stesse forze politiche che avevano sostenuto la privatizzazione ad approvare in Giunta un disegno di legge regionale che affida ad una Spa interamente pubblica (Campaniaacque) la proprietà ed il coordinamento e regolamentazione delle attività dei diversi Ato della Regione.

Il "modello" toscano. È la prima regione che applicando la legge Galli ha scelto il modello della società per azioni a prevalente capitale pubblico, anticipando il famigerato art. 35, introdotto dal Governo Berlusconi, che ha imposto in Italia la trasformazione delle aziende dei servizi pubblici in Spa e l'obbligo della gara per l'affidamento del servizio idrico. Pubbliacque Spa è uno dei primi modelli di società mista sperimentati in Italia. A seguito di questa scelta, i soci privati sono presenti in quattro dei sei Ato della Toscana, con la partecipazione azionaria di Acea, Ondeo (ex Suez Lyonnaise des Eaux), Caltagirone e Monte dei Paschi di Siena.

La Toscana è anche la prima regione in cui il Movimento per l'acqua, dopo aver realizzato l'esperienza del Forum Alternativo Mondiale dell'Acqua (Fame

2003), tenutosi a Firenze nel marzo 2003, ha iniziato un percorso innovativo ed originale, regionale, di proposta politica per una gestione pubblica del servizio idrico. Oltre 43.000 firme sono state raccolte, nel corso del 2005, a sostegno di una legge di iniziativa popolare che chiede alla Regione la ri-pubblicizzazione della gestione dei servizi idrici. Il 14 febbraio 2006 il Consiglio Regionale della Toscana ha messo la proposta di legge d'iniziativa popolare all'ordine del giorno di una seduta dedicata all'esame di una nuova legge regionale sull'acqua.

Con modalità diverse dalla esperienza di Napoli, anche in Toscana i cittadini ed il movimento dell'acqua sono diventati un soggetto politico, un interlocutore obbligato delle istituzioni e delle forze politiche. C'è da sperare che la proposta di emanazione popolare trovi presso i consiglieri regionali un'accoglienza positiva e non sia lasciata cadere, dopo eventuali apprezzamenti retorici calorosi, nel dimenticatoio dei rifiuti delle iniziative di partecipazione dei cittadini a proposito della quale tanto si vocifera ma poco si opera.

Le Marche. Le prime battaglie di resistenza all'art. 35 che introdusse la trasformazione delle aziende pubbliche e consortili in società per azione iniziarono proprio nelle Marche ad opera di Comuni, quali Grottamare, di cui Massimo Rossi, oggi presidente della Provincia di Pescara, è stato sindaco per tanti anni e fra i primi difensori dell'acqua pubblica. Ad Ascoli Piceno la scelta in favore della gestione *in house* si accompagna anche al rifiuto di svendere le sorgenti d'acque minerali. Fra le prime iniziative prese dalla Provincia di Ancona una volta scelta la gestione *in house* sono state quella di introdurre in tutti i comuni l'uso di riduttori di consumi di acqua (la provincia ne ha distribuiti gratis 170.000), e di creare il primo Osservatorio nazionale sui modelli di gestione pubblica.

Azioni di resistenza sono tuttora in atto allorché la Regione si appresta a ripensare, attraverso l'adozione in discussione di una nuova legge regionale, gli indirizzi e le modalità del governo pubblico del bene acqua.

Il Lazio. È la regione della Spa Acea, la più grande società di gestione dei servizi idrici in Italia, (seguita dall'Acquedotto Pugliese Spa e tallonata dalla emiliana Hera) di cui il Comune di Roma è l'azionista di maggioranza. Acea è anche la più grande multiutility italiana. Parte del suo capitale è detenuto, tra altri, dalla grande multinazionale francese Suez-Electrabel. Essa detiene pacchetti azionari in numerose società di gestione dell'acqua in diverse regioni del mondo.

Il Lazio è anche la Regione dove sono cominciate le prime azioni di resistenza, in seno alle Aato (Autorità d'Ambito Territoriale Ottimale), ai processi di privatizzazione e dove, oggi, più numerose sono le proteste di piazza contro l'incremento delle tariffe dell'acqua approvate dalle Aato che, conformemente alla legge Galli, sono il soggetto pubblico responsabile dell'approvazione della tariffa proposta dai gestori.

Viterbo è stata tra le prime città ad optare per la gestione pubblica *in house*, ma ancor oggi, nonostante la gestione pubblica del servizio idrico integrato sia diventata parte del contenuto programmatico delle forze politiche locali, esistono forti difficoltà a farla decollare.

A Rieti, fatto molto importante perchè il bacino coperto dall'Aato di Rieti è quello che rifornisce l'acquedotto di Roma, i cittadini hanno aperto lo scontro sulla futura gestione dell'acqua ed iniziato una campagna di mobilitazione contro Acea.

A Latina, dove la gestione del Sii (Servizio Idrico Integrato) è stata affidata ad una società "mista", pubblico-privato, Acqualatina Spa, la mobilitazione di massa è stata determinata dall'aumento vertiginoso della tariffa. Oltre 2000 persone sono scese ripetutamente in piazza, tra il dicembre 2005 e il gennaio del 2006 per manifestare a difesa dell'acqua di buona qualità, contestare gli incrementi delle tariffe e le minacce di chiusura dell'acqua messe in atto dalla società di gestione.

Il Piemonte. Si deve soprattutto alla pressione esercitata dai vari comitati territoriali se il Piemonte è stata fra le prime regioni ad optare per la gestione *in house*. Questa scelta si è consolidata in particolare nella città di Torino e nella sua Provincia, con il conferimento alla Smat Spa della gestione del servizio idrico. Negli ultimi venti mesi, la Smat dà l'impressione di diventare più sensibile alle tendenze favorevoli ad una cultura industriale e mercantile della gestione dell'acqua. Il che spiega le alleanze e le partecipazioni incrociate con un'altra importante azienda idrica multiutilities, l'Amga di Genova. Associate, la Smat e l'Agma sono diventate il terzo polo idrico più importante d'Italia.

Nei restanti ambiti territoriali della Regione, la situazione si presenta ancora in maniera assai variegata: l'Aato 2 (Provincia di Biella-Casale-Vercelli) e l'Aato 6 (Provincia di Alessandria) hanno scelto la gestione *in house* con affidamenti a società temporanee di impresa. Alla fine del 2005, anche l'Aato 1 della Provincia di *Novara e Verbania* ha optato per la gestione *in house* e si appresta a costituire la relativa società.

Il Friuli-Venezia Giulia. Ultima fra le poche Regioni che si sono dotate di una legge regionale sui servizi idrici, il Friuli-Venezia Giulia è quella che maggiormente ha fatto tesoro delle proposte del Manifesto italiano per il Contratto Mondiale dell'Acqua. Non solo ha adottato come orientamento prioritario l'affidamento del servizio secondo il modello *in house*, ma ha anche deciso di allocare 1% della tariffa al finanziamento di progetti di solidarietà internazionale sull'accesso all'acqua ed ha sancito il riconoscimento dell'acqua come diritto umano inalienabile. Sulla base di questo orientamento politico, due delle quattro autorità d'Ato hanno già fatto la scelta del modello pubblico.

La Provincia di Gorizia e quella di Udine hanno scelto l'affidamento *in house*, mentre Trieste e Pordenone hanno affidato la gestione a società quotate in borsa. Le possibilità di cambiare la situazione appaiono al momento assai difficili.

L'Emilia Romagna. Con la costituzione di Hera, l'Emilia-Romagna ha "inventato" il secondo modello – dopo quello toscano – di società mista di gestione dell'acqua, sperimentato da giunte di centro-sinistra. Adottato da quasi tutte le autorità d'Ato della Regione (Provincia di Bologna, Provincia di Modena, Provincia di Reggio Emilia), il modello emiliano consiste, da un lato, nella forte presenza nel capitale della Spa, insieme ai comuni e ai soggetti privati, di soggetti collettivi quali le cooperative e i sindacati (azionariato diffuso) e, dall'altro, da una chiara inserzione della società nei mercati finanziari con la decisione di collocare in borsa il capitale d'impresa e lanciarsi alla conquista del mercato italiano e poi europeo. Inoltre, l'acqua sta diventando solo una parte del portafoglio di attività di ciò che è oramai la più grande mulitutility italiana dei servizi locali, specie a seguito della recente integrazione con un'altra emergente multiutility, la Meta di Modena.

Il Consorzio acque delta ferrarese – Cadf – costituito da alcuni comuni del basso ferrarese rappresenta l'eccezione. È la sola esperienza di gestione *in house* in chiara resistenza ed opposizione al modello Hera. Un'altra forma di differenziazione, che può essere annoverata fra gli esempi di promozione e di difesa di una visione pubblica della gestione dell'acqua è la nuova Romagna Acque, incaricata della produzione delle acque destinate ad alimentare le reti del Servizio Idrico Integrato gestito da Hera e che ha resistito finora ai tentativi di integrazione/incorporazione in Hera.

La Lombardia. Due sono le principali esperienze di lotte "politiche" attorno all'acqua in Lombardia.

La prima è stata la lotta condotta dalle comunità montane contro l'esproprio delle loro sorgenti. Esse hanno promosso, e vinto, un referendum abrogativo degli articoli della legge regionale che riducevano il loro potere in seno alle assemblee delle Aato lombarde. Grazie alla loro azione, accompagnata e sostenuta dal Comitato italiano per il Contratto Mondiale dell'Acqua, si è riusciti ad avviare proprio dalla Lombardia una azione di sensibilizzazione sul parlamento nazionale che ha portato alla revisione dell'assetto legislativo previsto dall'art. 35. Si è pervenuti così, dapprima, alla re-introduzione a pieno titolo nelle disposizioni legislative dell'opzione della gestione *in house* (art. 14 disegno di legge finanziaria 2003) e, successivamente, nel 2005, a far approvare una deroga che concede alle comunità montane ed ai comuni con popolazione inferiore ai 3000 abitanti di poter gestire *in house* le risorse idriche, anche fuori dall'Ato.

La seconda è stata la battaglia, terminata con la vittoria della proprietà e della gestione pubbliche del Servizio Idrico Integrato nella Provincia di Milano, nata in opposizione al duplice tentativo di trasformare la Aem di Milano in una multiutility mediante l'incorporazione del ramo idrico della Metropolitana Milanese, e di escludere, mediante una modifica della legge regionale, la Provincia di Milano dall'Autorità d'Ato della città di Milano per dare la gestione idrica della provincia ad un'Azienda Speciale. Il tentativo è fallito con la decisione presa alla fine del 2005 dalla presidenza della Provincia di Milano di mantenere i servizi idrici nell'alveo pubblico. Altro caso eccezionale nello scenario lombardo è rappresentato dalla Provincia di Lodi, avendo anch'essa optato per una gestione pubblica.

Al di là di quanto detto sopra, resta il fatto che in Lombardia si confrontano oggi, da un lato, le forze che mirano a difendere il carattere pubblico della gestione dell'acqua e, dall'altro, per il momento più numerose e più forti, le forze promotrici di nuovi modelli di privatizzazione ispirati ad un neocapitalismo municipalista liberista che tratta i servizi idrici come beni e risorse territoriali al servizio della competitività dei loro territori sui mercati internazionali, tramite processi di aggregazione settoriale e territoriale. Pensiamo, in particolare, alle strategie perseguite dalla multiutility Asm di Brescia, già quotata in borsa e che ha assorbito la gestione dei servizi idrici della Bas di Bergamo, a Linea Group, di cui fanno parte Aem Cremona, Tea Mantova, Asm Pavia, Astem Lodi, Scs Crema, Cogeme Brescia, che punta al controllo del tessuto urbano della Lombardia secondo i due assi, acqua e energia/rifiuti.

Il Veneto. Venezia è stata la prima città italiana ad accogliere le sfide del "Manifesto dell'acqua" ospitando nel marzo del 2000 la 1° giornata mondiale proposta dal Comitato Italiano per il Contratto Mondiale dell'Acqua, grazie al sostegno convinto dell'allora Assessore all'Ambiente, Paolo Cacciari. Questa sensibilità si è consolidata con l'opzione in favore della gestione *in house* che la città ha portato avanti in seno all'Aato Laguna di Venezia.

Le innovazioni di cui Venezia si è fatta promotrice sono andate oltre. L'Aato della Laguna è la prima Autorità di Ambito Territoriale Ottimale che ha accolto e messo in opera la proposta del centesimo di euro per ogni metro cubo di acqua erogato dall'acquedotto provinciale, da destinare a progetti di cooperazione decentrata sull'acqua con i paesi in via di sviluppo. Nel corso del 2005 sono stati approvati progetti per oltre 700.000 euro.

C'è da augurarsi che, come anche deciso dall'Aato di Firenze, dal Trentino, dal Friuli e dalla Provincia di Ancona, e recentemente dalla Smat di Torino, il principio del prelevamento di un centesimo di euro per metro cubo di acqua erogato sia adottato da tutte le Aato e diventi la base di un fondo italiano dell'acqua per la cooperazione interregionale/internazionale. Ciò potrebbe generare cospicue risorse per progetti miranti non solo ad assicurare l'accesso all'acqua alle popolazioni dei paesi poveri, ma anche ad avviare un percorso alternativo, decentrato, di nuovi rapporti di solidarietà fra comunità locali.

La Puglia. La scelta chiara e netta in favore sfida della "ri-pubblicizzazione dell'acquedotto pugliese" assunta dal Presidente Nichi Vendola e l'affidamento della presidenza dell'acquedotto pugliese a Riccardo Petrella, rappresentano per il movimento dell'acqua in Italia una delle sfide politiche, simbolicamente più impegnativa, della capacità da parte dei fautori dell'acqua pubblica bene comune e diritto umano di dimostrare che un governo tutto pubblico dell'acqua, che un governo a più titoli innovatore ed efficace, è possibile.

Ri-publicizzare l'acquedotto pugliese, ridurre le perdite e costruire a livello dell'unico Ato regionale un modello partecipato di gestione condivisa da parte di tutti i comuni, delle associazioni e dei cittadini, costituisce una sfida emblema che il movimento dell'acqua e l'insieme dei movimenti sociali ed altermondialisti degli ultimi anni, dovrà dimostrare di saper vincere.

La Sicilia. Nonostante la legge Galli prevedesse una Autorità di "sovrambito", la strada scelta dalla Regione Sicilia è stata quella di creare una società privata (Siciliacque Spa) che detiene il controllo di buona parte delle risorse idriche, e di fare coincidere il territorio delle Ato con i confini provinciali, creando cosi ben nove Ato anziché uno solo e dando spago e legittimità alle richieste localistiche ed alle logiche clientelari.

La scelta di affidare la gestione del servizio idrico ai privati tramite gare internazionali o società miste si è tradotta per il momento in un grande fiasco perché tutte le gare indette sono andate deserte, con l'eccezione di quelle di Enna e di Caltanissetta, mentre le province di Catania e di Ragusa hanno utilizzato il sistema pubblico-privato con relativa selezione del partner privato di minoranza.

La resistenza da parte di alcuni comuni ed amministratori e la mobilitazione della società civile, seppur faticosamente, cominciano a prendere comunque il via anche in Sicilia da alcuni mesi a questa parte. Il Sindaco del comune di Francofonte (CT) ha avuto il coraggio di rompere la convenzione di affidamento ad un privato per 29 anni, ha assunto la gestione *in house* ed è riuscito a ridurre le tariffe dei servizi idrici e fognari. Una significativa vittoria è stata raggiunta, nel corso del 2005, anche dalla Provincia di Messina dove l'Ato, sola in Sicilia, ha scelto la gestione *in house* e si accinge a far partire la nuova società pubblica "Messina acque". Infine va segnalato che a seguito di alcune conferenze pubbliche e della mobilitazione di numerose associazioni tra cui i nodi della Rete di Lilliput, di Bilanci di Giustizia e del Comitato Italiano Acqua, sono stati costituiti, nei primi mesi del 2006, a Palermo ed in altre città dell'isola, vari comitati civici per la ri-pubblicizzazione della gestione dei servizi locali. Apparentemente, il loro obiettivo immediato che era quello di far pressione sulla candidata dell'Unione, Borsellino, per inserire nel programma elettorale l'impegno alla ripubblicizzazione dell'acqua in Sicilia è stato realizzato, la candidata Borsellino avendo recentemente pubblicamente preso tale impegno.

La Sardegna. La regione che, come la Puglia, la Basilicata ed il Molise, si è saggiamente dotata di un solo Ambito territoriale, ha scelto il modello *in house*. Questo orientamento è maturato grazie ad una forte azione di mobilitazione sia da parte delle lavoratrici e dei lavoratori dell'Esaf (Ente Sardo Acquedotti e Fognature) che del sindacato. Sulla questione dell'acqua e dei beni comuni in generale un ruolo importante sulla città di Cagliari è stato svolto dall'Associazione Peppino Asquires.

Le battaglie contro la mercificazione dell'acqua e la sua "coca-colizzazione"

Per una cultura dell'acqua simbolo della sacralità della vita

Nonostante l'Italia sia un paese che si caratterizza per l'abbondanza di acqua di sorgente e di falda, di acque cioè con buone qualità organolettiche, di fatto gli italiani vantano il triste primato di essere il primo paese dell'Europa e del mondo per consumo pro-capite di acqua minerale (182 lt/a persona).

La ragione di questo triste primato risiede nella grande confusione che regna in Italia nel campo dell'acqua da bere, sana e sicura per la salute ed il "benessere". Una confusione che riguarda in primo luogo le regole: quale acqua è potabile, chi è responsabile di cosa, chi fa cosa?

Il 62% degli italiani intervistati dichiara di non bere più in maniera regolare e permanente l'acqua di rubinetto ma le *acque minerali in bottiglia* (che per definizione non sono "potabili") ed altre acque: di sorgente, da tavola, "purificate", "pure", "rinforzate".

La rapida crescita del consumo dell'acqua in bottiglia, non solo in Italia, in sostituzione dell'acqua di rubinetto, sembra essere dovuta ai cambiamenti socio-economici intervenuti negli ultimi trent'anni in seno alle popolazioni dei paesi ricchi a livello delle esigenze in materia di salute e di stili di vita.

Se tale tendenza dovesse consolidarsi, dovremmo assistere nel corso di una o due generazioni, all'abbandono dell'acqua potabile (l'acqua di rubinetto, "l'acqua del sindaco", come si dice in Italia) come principale e regolare tipo di acqua utilizzata per soddisfare l'esigenza vitale del bere.

L'acqua da bere e di distribuzione pubblica è stata oggetto, negli ultimi

50 anni, soprattutto da parte dello Stato e degli enti locali, di colossali investimenti finanziari, tecnologici ed umani al fine di raggiungere elevati livelli di accessibilità (portare l'acqua potabile in ogni casa) e per garantire il diritto all'acqua, come potabilità e sicurezza, per tutti i cittadini.

Ancora oggi in Europa, v'è pressione per una nuova fase di grandi investimenti in infrastrutture ed in attività di manutenzione per mettere a norma le reti esistenti alle prescrizioni della Direttiva Quadro Europea in materia di qualità dell'acqua.

La tendenza in corso significa che nonostante tutti i sacrifici e gli investimenti fatti per migliorare la potabilità dell'acqua che arriva nelle case, essa è sempre di più utilizzata principalmente per usi non nobili (wc, lavastoviglie/lavatrici, bagno/docce, giardino/piante, lavaggio auto/strade, pavimenti… ecc.) per i quali non v'è alcun bisogno che l'acqua sia altamente potabile. Ci troviamo di fronte ad un vero sperpero collettivo di un bene prezioso.

È cosi nata, anche su iniziativa del Comitato italiano per il Contratto Mondiale dell'Acqua e dei lavori realizzati da un perito chimico pugliese, Cesare Merlino, e da un giornalista di Famiglia Cristiana, una campagna contro ciò che rappresenta l'esplosione dei consumi delle acque in bottiglia, cioè la mercificazione dell'acqua, la sua "coca-colizzazione".

All'insegna di "non lasciamoci imbottigliare dalle multinazionali" e di "cercano di darcela a bere" la campagna, sostenuta sul piano organizzativo anche dal CeVI di Udine, è rivolta in particolare a tre categorie di persone: *i giovani, i cittadini come consumatori ed infine gli amministratori.* Essa ha portato frutti immediati riuscendo a bloccare il tentativo ministeriale del 2005 di introdurre nei bar e nei locali pubblici l'obbligo della vendita di acqua minerale solo in bottiglia monodose.

Considerazione finale

Nel mentre abbiamo assistito negli ultimi venti anni da parte del capitalismo nostrano ad un vero e proprio assalto ai beni comuni fondamentali per la vita e lo sviluppo umano ed ai servizi pubblici ad essi collegati, l'acqua sembra essere destinata in Italia a ritornare ad essere il primo bene comune sottratto ai processi di privatizzazione che invece continueranno ad investire l'energia, la scuola, la sanità, le telecomunicazioni, i trasporti, la ricerca e la conoscenza. Almeno alla luce dell'accordo di programma raggiunto dalle formazioni politiche dell'Unione e nel caso in cui l'Unione dovesse vincere le elezioni di aprile (vittoria che ci auguriamo fermamente ma che non può essere data per scontata).

Questo risultato, per quanto circoscritto all'acqua, è stato possibile per merito anche delle migliaia di cittadini "militanti dell'acqua pubblica" che sono riusciti ad imporre ai partiti, ai sindacati ed agli altri movimenti il tema dell'acqua fra i temi dell'agenda politica e del rinnovamento della nostra cultura politica a partire dalla presa di coscienza delle numerose partite che si giocano attorno al futuro dei "beni comuni" di cui l'acqua, forse per la sua associazione alla sacralità della vita, è quello che maggiormente è stato in grado di mobilitare le coscienze e la partecipazione.

*** Segretario generale del Comitato Italiano per il Contratto Mondiale dell'Acqua.**

Il lessico politico dell'acqua

Differenze nelle parole chiave tra una cultura "pubblica" e una cultura "privata"

Riccardo Petrella

Come in qualsiasi altro campo dell'attività umana, l'ideologia (la maniera di pensare e di vedere il mondo, le cose...) ispira ed orienta le scelte politiche. Pensare e "vedere" l'acqua è questione di cultura, di narrazione.

Qui di seguito ho tentato di "identificare" il lessico attuale delle principali parole chiave di una cultura "pubblica" dell'acqua distinte da quelle di una cultura "privata".

L'esercizio è soggettivo ma spero utile per afferrare attraverso alcune parole chiave il senso delle lotte politiche dei "militanti per l'acqua" in Italia in questi ultimi anni. Il lessico è in parte differente da quello prevalente negli anni '60-'70 a dominanza piuttosto "ambientalista". Oggi l'accento è messo non solo sugli aspetti relativi alla salvaguardia di un patrimonio naturale ed all'utilizzo ragionevole di una risorsa preziosa per la vita, ma ugualmente sugli aspetti umani, sociali, politici e culturali che definiscono e strutturano "la politica dell'acqua" dal livello locale al livello mondiale.

Cultura "pubblica"	Cultura "privata"
Bene essenziale ed insostituibile per la vita	Risorsa vitale essenziale
Diritto umano	Bisogno vitale
Bene comune	Bene naturale comune
Bene sociale	Bene economico
L'acqua è vita	L'acqua è fonte di vita
Condivisione	Usi alternativi concorrenti
Proprietà collettiva	Proprietà collettiva del bene naturale ma non del bene economico

Proprietà pubblica delle reti e della gestione dei servizi	Proprietà pubblica delle reti ma gestione privata
Patrimonio dell'umanità	Risorsa naturale mondiale
Gratuità	Costi a carico del "consumatore"
Bene "appartenente" a tutte le specie viventi	Risorsa naturale d'importanza strategica mondiale
Bene pubblico	Bene privato
Risorsa collettiva	Risorsa territoriale competitiva
Bene non rinunciabile	Bene economico da scambio
No alla mercificazione dell'acqua	Merce, anche se diversa dalle altre
No alla privatizzazione	Si alla privatizzazione
Servizi di cittadinanza	Servizi di utilità, multiutilies
Servizio pubblico	Servizio privato, industriale
No alla liberalizzazione dei servizi idrici	Si alla liberalizzazione
Prendere cura	Consumare, performance
Co-responsabilità	Consumo ragionevole
Gestione pubblica	Gestione privata
Governo pubblico	Governo privato
Solidarietà	Carità, compassione
Fratellanza	Aiuto
Cooperazione	Partenariato
Finanziamento pubblico	Finanziamento privato
Fiscalità generale e/o specifica	Prezzo di vendita
Tariffa di servizio pubblico	Tariffa di profitto
Chi inquina non può	Chi inquina paga
Interesse generale	Interesse privato, profitto
Sicurezza idrica collettiva	Sicurezza di mercato
Partecipazione dei cittadini	Soddisfazione del cliente
Trasparenza delle regole	Trasparenza del mercato
Autorità pubblica dell'acqua ai vari livelli territoriali	Autorità antitrust
Democrazia intergenerazionale	Mano invisibile
Sacralità dell'acqua	Economicità

Chi ben comincia...

Lotte e progetti per il governo pubblico dell'acqua

Mario Santostasi*

L'acqua è un diritto umano universale
DICHIARAZIONE DI ROMA, DICEMBRE 2003

L'aiga è nostra... Devem pas permetre
qu'ilhs la pòrten via e que, après,
ilhs nos la facen pagar chara coma la petròli
VOLANTINO DISTRIBUITO NEI COMUNI DELLE VALLI DI CUNEO [1]

1. «*Oggi ci sono segnali molto precisi che indicano che la corsa alla privatizzazione dell'acqua, in alcuni paesi, tra cui l'Italia, sta perdendo forza e consenso. Compaiono i primi segni di una svolta possibile, anzi probabile, nelle politiche di gestione dei servizi idrici*»: sono le prime righe dell'introduzione di un libro assai utile [2] per chiunque coltivi qualche interesse, più o meno militante, per i fondamenti culturali, le acquisizioni analitiche e le proposte del movimento per reintrodurre il governo pubblico dell'intero sistema dell'acqua.

In un paese in cui il «malessere idrico» [3] è persistente e crescente, e che dalla fine degli anni Ottanta registra la crescente avanzata, in forme diverse, della privatizzazione degli organismi pubblici di governo dell'acqua, le parole che abbiamo appena citato portano una buona notizia. Perché – come dimostrano molti materiali pubblicati in «Quale Stato» [4] – attesta concretamente non solo il consolidarsi di un fronte ampio di resistenza ma anche l'aggregarsi del nucleo culturale e sociale – iniziale ma già consistente – di una controffensiva contro il dominio finora incontrastato di culture mercatiste e liberiste, e delle connesse politiche di governo, in un settore in cui bisogni sociali diffusi e diritti di cittadinanza fondamentali confliggono acutamente – in forme e misure differenziate ma con un'estensione planetaria – con orientamenti di fondo del capitalismo globale contemporaneo e del suo apparato politico, giuridico e istituzionale di governo. Perché segnala per i movimenti alternativi la realizzazione di importanti passi in avanti: la elaborazione di un paradigma culturale [5] che va dimostrando, anche con il consenso di massa che riesce a suscitare, la sua pertinenza ed efficacia in territori diversi dei diritti sociali e di cittadinanza [6] e dunque il suo potenziale di unificazione; il suo crescente radicamento – con l'articolazione territoriale dei movimenti per recuperare e rinnovare il governo pubblico dell'acqua – in una area estesa ma determinata dei bisogni sociali di massa, e, insieme, un suo difficile ma coraggioso intervento sulle istituzioni, che va da un coinvolgimento di aree significative delle autonomie locali fino a tentare l'ambiziosa impresa di 'farsi legislatore' [7].

2. È certamente un buon inizio [8] di un'impresa tuttavia non facile né breve. Anche se è diventata corrente nelle analisi della sinistra alternativa, non aiuta a definire lo scenario da cui le culture, le forze e i movimenti antiliberisti sono confrontati l'analisi che ricava dai fallimenti e dalle enormi diseguaglianze e contraddizioni prodotte dall'onda alta del neoliberismo la conclusione che la stagione delle privatizzazioni sia all'esaurimento. È ben vero che dall'interno stesso di questa cultura, fra alcuni dei protagonisti a diverso titolo di un'intera fase di governo mondiale dell'economia, si sono levate voci amaramente deluse o severamente autocritiche [9]; che la resistenza crescente delle comunità e delle istituzioni locali all'appropriazione privata di beni indispensabili e universali come l'acqua [10] e, ancor più, la forza, la continuità, l'acutezza analitica e la capacità di proporre alternative del complesso fronte dei movimenti antiliberisti, rivelano la crisi di un'egemonia, e talora persino il rifluire di quel senso comune di massa per il quale almeno dagli anni Ottanta ha dominato la certezza che "privato è bello".

Tuttavia, nell'alimentare e sostenere – nei ceti politici e di governo di orientamenti talvolta opposti – i processi di privatizzazione gioca tuttora una potente miscela di interessi privati, di cultura economica accademica e di cultura politica dei ceti dirigenti nazionali, europei, mondiali, e, particolarmente in Italia, la spinta a usare dismissioni e privatizzazioni per rattoppare la disastrosa situazione dei conti pubblici.

Dal 1992 al 2003 l'Italia ha privatizzato patrimonio pubblico per circa 200 miliardi di euro, risultando al primo posto nella zona euro e al secondo nei paesi Ocse; nel corso del 2003, dopo una breve pausa, il governo Berlusconi ha riportato la quota delle privatizzazioni in Italia al 34% delle privatizzazioni mondiali [11]. Non a caso, il bilancio di questo gigantesco trasferimento di capitale dal pubblico al privato non è stato tuttora tracciato, nonostante siano evidenti gli effetti di degrado che ne sono derivati nella struttura produttiva del paese [12] e la prevalenza della sostituzione del capitale pubblico si sia registrata soprattutto nelle imprese dei servizi a rete (Eni, Enel, Autostrade, Telecom, ecc.) in cui l'attesa di profitto si concentra più nella pressione sul sistema tariffario che nell'innovazione di prodotto [13].

In un recente contributo della Confindustria alla Indagine conoscitiva sulle privatizzazioni si stila un elenco di «quanto e cosa resta da privatizzare» [14], in cui spiccano ancora una volta imprese come Enel, Eni, Poste, Ferrovie, Anas. E, soprattutto, i servizi pubblici locali, a proposito dei quali si riporta un'analisi degli assetti proprietari dalla quale risulta che tuttora più del 95% è in maggioranza (29%) o interamente (66,7%) di proprietà degli enti locali. Si omette che in quel 34,3 residuo, e soprattutto in quel 29 non soltanto sono compresi i capitali delle più grandi imprese multiutilities, vere e proprie multinazionali del settore, ma che quel 34,3% fornisce già ora il servizio idrico a molti milioni di cittadini, a fronte di una restante grande frammentazione. E comunque la Confindustria disegna una vasta prateria disponibile nella quale «la privatizzazione contribuirebbe a un recupero di efficienza gestionale e tecnica, mentre la liberalizzazione [15] favorirebbe l'accesso al mercato e aumenterebbe il grado di concorrenza tra gli operatori economici, con effetti positivi sulla qualità del servizio e sulle tariffe».

È una promessa di maggiore efficienza, accessibilità, qualità del servizio che le prime, purtroppo ancora poche, analisi rigorose dell'esito dei più consistenti processi di privatizzazione hanno documentatamente messo in discussione. Il caso più clamoroso resta quello delle privatizzazioni attuate dalla Thatcher in Inghilterra – apripista e punta di lancia delle privatizzazioni sin dagli anni '80 – dove gli effetti del processo più consistente, quello delle ferrovie, così vengono descritti da un analista non sospetto: «Le privatizzazioni all'estero hanno portato alle seguenti conclusioni. Il Regno Unito ha provato a realizzare una separazione netta tra infrastrutture, binari e treni privatizzando la proprietà e la gestione di questi ultimi, ma è stata fatta marcia indietro, perché hanno avuto molta incidentalità, bassissima redditività, guerra dei prezzi e di qualità. In questo momento [...] hanno ripreso il controllo con un'agenzia nazionale dei binari e stanno 'ricompattando' le società di trasporto. In Germania, si sta portando avanti un progetto di privatizzazione integrata, cioè dell'intero gruppo, sia binari sia treni; è un progetto lento in discussione a livello politico. In Francia non parlano affatto di privatizzazione» [16]. E risultati analoghi, quando non più netti, sono emersi da analisi che tracciano un bilancio del complesso di tutta una fase delle privatizzazioni nel Regno Unito, che sotto l'aspetto dei 'fallimenti del mercato', può ben essere ormai considerato un caso di scuola [17]. Né è più consolante la conclusione della lunga fase di massicce privatizzazioni realizzate in Italia alla conclusione della quale il paese si ritrova «più povero e più debole» mentre «è vero che è aumentata la redditività di queste società [privatizzate], senza che vi fosse un significativo abbassamento dei prezzi dei servizi» [18].

3. Anche più elusivo è il rendiconto del decennio di privatizzazioni nel servizi pubblici locali e, in particolare, nei servizi idrici. Di quella maggiore economicità dei bilanci, migliore qualità del servizio, più larga accessibilità e risparmio tariffario non v'è traccia [19], anzi la copertura degli ingenti investimenti richiesti dalla modernizzazione delle strutture non avrà altra copertura che un aumento delle tariffe, mentre l'unica attesa credibile resta una stagione di ricchi dividendi per gli azionisti privati [20].

Ma la lezione dei fatti, se può talvolta insinuare qualche dubbio nel senso comune di massa, è improbabile che inneschi una seria riflessione critica nei soggetti di grandi interessi dominanti, nella cultura economica dominante o, infine, nei ceti politici della sinistra di governo. Da una parte un capitalismo che tuttora non ha elaborato una strategia sostitutiva dei vantaggi del cambio variabile diversa da quella della riduzione dei diritti e del costo del lavoro o degli impieghi finanziari spesso speculativi; impreparato e renitente ad affrontare la sfida dell'innovazione di prodotto, resta assai più propenso a spostarsi in settori in cui l'accumulazione primaria di capitale è stata realizzata con risorse pubbliche, i fattori competitivi sono limitati dal carattere di monopolio naturale delle aziende privatizzate e l'obbligatorietà della domanda è garantita dall'universalità del bisogno [21]. Dall'altra, il teorema – ma si dovrebbe sempre più dire l'ideologia – che la modernizzazione del paese, e in particolare della produzione e della distribuzione dei servizi, anche quelli destinati a soddisfare i bisogni e i diritti più universali, possa essere realizzata con grandi benefici comparativi solo dalla gestione privata e dal mercato resta tuttora dominante non solo nella cultura e nelle politiche di governo delle forze politiche di centro-destra, in Italia e a Bruxelles [22], ma anche nella maggioranza della sinistra di governo. E accade anche che nello stesso fronte dei grandi soggetti sociali schierati sul terreno della difesa dei diritti del lavoro e di cittadinanza si manifestino incertezze, la ricorrente illusione di opporre al bilancio in rosso della stagione delle privatizzazioni una critica, in certa misura paradossale, del modo inappropriato della loro realizzazione (privatizzazioni senza vere liberalizzazioni; motivazioni di cassa invece che veri propositi di creare un mercato concorrenziale) anche quando dagli esiti di inefficienza e di ineguaglianza sono stati investiti servizi e beni comuni che integrano necessariamente uno Stato sociale degno del nome [23].

4. In realtà, lo stato della risorsa acqua in Italia, degli ecosistemi che dovrebbero assicurarne la conservazione e riproduzione, dei regimi giuridici e degli assetti proprietari che dovrebbero regolarne l'uso e renderne equo e garantito l'accesso, richiede qualcosa di molto diverso non solo dal mercatismo aggressivo e sregolato ma anche da un 'liberismo temperato' [24].

La fase delle privatizzazioni dei servizi locali che parte dalla Legge n. 142 del 1990, prosegue con la Legge Galli del 1994, con la successiva Legge n. 127 del 1997 e le Finanziarie del 2001 e 2002 interviene su una situazione drammatica di degrado fisico della risorsa, rispondendovi – dopo il tentativo peraltro malriuscito di razionalizzazione gestionale operato dalla Legge Galli – quasi soltanto aprendo la proprietà di tutte le fasi, dalla captazione alla distribuzione, al capitale privato in compartecipazione con gli enti pubblici o in piena proprietà, come se l'intervento taumaturgico dell'impresa privata e del mercato potesse affrontare gli enormi e complessi problemi della difesa degli ecosistemi idrici e territoriali, della gestione efficace ed economica, dell'accesso universale dei cittadini, che anni di caotica gestione pubblica avevano accumulato. 'L'acqua ridotta a merce' può sembrare uno slogan da corteo, ma in realtà esprime perfettamente l'unico progetto con cui, all'avvio degli anni '90, governi anche di opposto indirizzo e la cultura delle classi dirigenti italiane hanno affrontato un tema cruciale tanto per un diritto universale – umano prima ancora che del cittadino – quanto per la difesa di un fattore cruciale di un ambiente vivibile. Benché non vi manchino, soprattutto nel Sud, le aree di siccità storica e quelle più recentemente investite dal ciclo della crisi ambientale, l'Italia non può certo dirsi – come grandissime plaghe del pianeta – la terra della sete; piuttosto è, anche in questo, il paese dello spreco, del saccheggio, del malgoverno e della diseguaglianza; ma almeno in un aspetto essenziale non è dissimile dal resto del mondo: nell'ideologica determinazione di affidare ai soggetti forti del mercato l'esigibilità di diritti inalienabili: all'acqua, all'ambiente, alla partecipazione democratica nel determinare gli orientamenti degli strumenti di governo di fattori fondamentali della vita sociale e individuale.

Su questa strada gran parte delle classi politiche e dirigenti italiane, anche di sinistra, non sono soltanto sospinte dagli orientamenti univoci e perentori degli organismi sovranazionali – dalla Commissione europea ai centri di governo mondiale dell'economia – bensì anche da una particolare impermeabilità alla protesta, alle analisi rigorose, ai progetti, alle esperienze della società e di una ricca rete di soggetti di democrazia locale, che si muovono, talora con successo, nella direzione di un recupero del controllo pubblico in termini nuovi, di democrazia partecipata e solidale, e comunque lontani dalle passate forme di centralismo statale e burocratico.

«Quale Stato» ha dato per tempo conto di un'esperienza campione nella quale non soltanto la ri-pubblicizzazione dei servizi idrici è stata conquistata contro giganti delle multinazionali come Suez-Lyonnaise e Vivendi, ma è stata sperimentata con successo una variante delle possibili forme di coinvolgimento partecipativo della comunità cui il servizio è destinato: la soluzione delle "Régies a personnalité morale" che costituisce una delle forme possibili di controllo pubblico della proprietà e della gestione, diverse tanto dalla impresa municipalizzata di vecchio tipo che dalla impresa privata [25]. Ma i casi di protesta elementare, di rifiuto dell'invadenza di piccole, grandi e grandissime imprese private, di elaborazione organizzata di alternative realistiche sono ormai così diffusi e maturi [26], e così crescente è il coinvolgimento di grandi organizzazioni sociali [27] che anche sulle molteplici questioni dell'acqua ormai più che di distrazione e di insipienza si deve parlare di un aperto e concreto conflitto culturale, politico e sociale con gli orientamenti dominanti delle istituzioni del governo sovranazionale dell'economia e delle classi dirigenti economiche e politiche nazionali che le condividono e le applicano [28].

5. Siamo entrati dunque in una fase nuova e delicata. Nell'orizzonte dei conflitti che il neoliberismo ha acceso da almeno trent'anni intorno al Welfare entra un elemento di straordinaria complessità – com'è quello del diritto universale all'acqua – che, a differenza di altri territori dei diritti sociali (la salute, la vecchiaia sicura, l'istruzione per tutti, i diritti del lavoro), non ha raggiunto (almeno nei paesi industrializzati) l'immediatezza, l'universalità di percezione di massa, l'elaborazione culturale e istituzionale, la tradizione di lotta organizzata che restano a presidio dei tradizionali diritti sociali nonostante l'erosione cui sono sottoposti dall'attacco liberista ormai trentennale. Inoltre per rappresentarlo nella sua vera dimensione e per avvertirne la reale natura solidaristica è richiesta una sensibilità e una conoscenza delle sue dimensioni planetarie che deve superare il senso comune, le chiusure nazionali e il localismo corporativo che vi fanno ostacolo. E tuttavia questo tema attraversa profondamente – come diritto umano e insieme fattore decisivo dell'ecosistema – la grande contesa che da anni si è accesa intorno al rapporto tra ruolo del pubblico e primato del mercato, tra universalismo dei diritti e loro mercificazione, e per questa via interroga severamente la politica e le istituzioni, così come ha già investito il terreno del dibattito culturale.

I movimenti, da parte loro, hanno compiuto un buon tratto del loro percorso, dalla denuncia etica alla rivoluzione culturale, all'autonoma azione politica. La diffusione mondiale, l'articolazione nazionale e locale, la crescente maturità di molte esperienze – che certamente hanno davanti a sé un ulteriore impegno di elaborazione culturale e progettuale degli obiettivi, di unificazione e di allargamento delle proprie alleanze – aprono una fase nuova e imprimono una inevitabile accelerazione ai tempi e alla qualità della risposta dovuta dai grandi soggetti organizzati, partiti della sinistra, soprattutto dai sindacati [29] e da quanti hanno potere sulle leve delle politiche pubbliche, senza delle quali l'estensione del governo pubblico dell'acqua potrebbe restare un progetto nobile ma irrealistico o registrare successi solo parziali che non resisterebbero alla prevalenza di opposti orientamenti della legislazione nazionale ed europea [30]. È difficile prevedere un'evoluzione positiva per questa interlocuzione se nella cultura delle sinistre politiche non avanza una riflessione radicalmente critica della stagione, tutt'altro che tramontata, del primato del mercato. Per queste ragioni, sull'esito di questa sollecitazione è lecito nutrire più di un dubbio. Ma non sospendere l'impegno in attesa di tempi migliori.

Almeno non da parte di questa rivista.

Note

[1] La citazione è tratta dal libro – documentato di prima mano, scritto nella buona e difficile prosa della divulgazione e per questo assai utile per chi voglia avere un quadro d'insieme dei drammatici problemi dell'acqua in Italia senza perdersi nelle innumerevoli e difficilmente decifrabili elaborazioni tecniche – di Giuseppe Altamore, *I predoni dell'acqua*, Edizioni San Paolo, 2004, p. 147.

[2] *Ripubblicizzare l'acqua. Leggi e pratiche di democrazia da Nord a Sud del mondo*, a cura del Comitato italiano per il Contratto mondiale sull'acqua, coordinamento giuridico di Marco Manunta, MC editrice, Milano, 2005 (www.mcedtrice.it). Il libro (che si può ordinare anche via internet dal sito dell'editrice) «si propone di fornire uno strumento culturale e operativo non solo agli amministratori locali e ai movimenti alternativi [...], ma anche ai semplici cittadini, che desiderano avere un'effettiva informazione sulle vicende di un servizio essenziale, come quello idrico». Lo citiamo in apertura, e molte volte in seguito, non solo perché ci è stato di molto aiuto nella stesura di queste note, ma anche perché è bene dissipare un equivoco che potrebbe nascere dal titolo di questo articolo. Il movimento sull'acqua non nasce certamente ora, l'inizio di cui parliamo si riferisce alla fase nuova che ci sforziamo qui di definire. In realtà il Contratto mondiale sull'acqua nasce nel 1998 da un Manifesto steso da un gruppo di protagonisti del Gruppo di Lisbona. Riccardo Petrella ne è il segretario generale. Il Comitato italiano del Contratto (Emilio Molinari presidente, Rosario Lembo segretario generale) – www.contrattoacqua.it – opera da cinque anni e ha svolto finora un prezioso lavoro di elaborazione analitica e teorica e di impulso per la nascita di quelle esperienze territoriali, che in Italia hanno preso avvio dall'Anno mondiale dell'acqua indetto dall'Onu e dal Forum Mondiale Alternativo dell'Acqua di Firenze del 2003, e alle quali hanno contribuito nel tempo varie associazioni fra le quali Legambiente, la Tavola della Pace, Attac, Arci, Rete Lilliput e altre.

[3] *Manifesto Italiano 2005 per un governo pubblico dell'acqua*, a cura del Comitato italiano per un Contratto mondiale sull'acqua.

[4] Vedi su «Quale Stato» n. 3-4 del 2005 i contributi di: D. Hall, E. Lobina, R. de la Motte, *Resistenza pubblica alle privatizzazioni dell'acqua e dell'energia*, pp. 195-221; T. Fattori, V. Striano, *Ripubblicizzare l'acqua. Il caso della Toscana*, pp. 222-230; G. Pinna, *Per il governo pubblico dell'acqua. Il caso della Sardegna*, pp. 231-236; *Relazione di accompagnamento alla Proposta di legge di iniziativa popolare per la ripubblicizzazione del servizio idrico integrato della Regione toscana*, pp. 241-248; *Il Manifesto italiano* 2005 cit. Nei precedenti numeri di «Quale Stato», vedi: D. Hall, E. Lobina, *Dal pubblico al privato, e ritorno. Lezioni internazionali sulla ripublicizzazione dei servizi di erogazione idrica a Grenoble*, n. 3-4, 2003, pp. 251-281; D. Hall (a cura di), *Il finanziamento dei servizi idrici*, n. 1, 2004, pp. 235 ss; Fsesp, *Documento base sul partenariato pubblico-privato*, n. 2, 2005, pp. 143-159. Inoltre per un quadro ancora parziale dei movimenti, vedi nel sito www.contrattoacqua.it *Le lotte dell'acqua in Italia. Scheda sintetica di alcune esperienze*; il sito di Attac, www.attac.italia.org e, in particolare, per l'esperienza toscana, il sito leggepopolareacqua.it.

[5] La categoria di 'beni comuni', materiali e immateriali, che comprende tutti i beni che appartengono in modo indivisibile all'intera umanità o alle comunità locali è il tema fondamentale che ispira la critica dell'appropriazione privata e della trasformazione in merce di «aria, acqua, terre demaniali, e foreste, conoscenza, educazione, salute, energia, trasporti pubblici, comunicazione e informazione

di base, sicurezza, giustizia, attività finanziaria di base, istituzioni politiche» (R. Petrella; dello stesso autore cfr. in «Quale Stato», n. 4, 2004-1, 2005, pp. 150-158). Con una certa pedanteria, si potrebbe osservare che all'elenco manca solo il lavoro perché la categoria dei beni comuni diventi a tutti gli effetti una categoria critica della società capitalistica.

Fra il molto materiale italiano pubblicato sul tema dei beni comuni, v. *Beni comuni fra tradizione e futuro*, a cura di G. Ricoveri, Quaderni della rivista «CNS-Ecologia Politica», Editrice missionaria italiana, 2005, con una utile appendice di Indicazioni bibliografiche. È poi in corso la raccolta di firme per una legge di iniziativa popolare sui beni comuni: *Beni comuni. Proposta di legge di iniziativa popolare. Disposizioni per la promozione e la tutela dei Beni Comuni*, già pubblicata nella «Gazzetta ufficiale», n. 146 del 25 giugno 2005, il cui testo è consultabile, insieme ad altri importanti materiali nel sito www.forumambientalista.it.

[6] È stata anche visivamente simbolica la presenza, nel corteo del 15 ottobre a Roma contro la Direttiva Bolkenstein, delle parole d'ordine e dei gruppi dei movimenti sull'acqua accanto agli striscioni di denuncia dell'attacco ai diritti del lavoro e alla pubblicità e universalità dei servizi.

[7] Si veda, in particolare, sul tema, l'esperienza toscana nel sito, già citato, leggepopolareacqua.it. e T. Fattori, V. Striano, art. cit.

[8] Vedi nota 2.

[9] Fra i testi di questa tendenza più letti dal grande pubblico basti citare *La globalizzazione e i suoi oppositori*, Einaudi 2004, del vicepresidente della Banca mondiale (1996) e Premio Nobel per l'economia (2001) Joseph E. Stiglitz, e *La crisi del capitalismo globale*, Ponte alle Grazie 2004, del finanziere George Soros.

[10] Cfr. G. Altamore, *I predoni* cit. in particolare pp. 141-162, e *Le lotte dell'acqua*, cit. nel sito www.contrattoacqua.it.

[11] Cfr. Confindustria, *Indagine conoscitiva sul processo di privatizzazione in Italia. Audizione alla Commissione Bilancio della Camera dei deputati*, 18 maggio 2004, consultabile in www.confindustria.it; R. Romano, S. Ferrari, *Più poveri, ma brutti*, «la rivista del manifesto», n. 55, novembre 2004, ora consultabile nel sito www.ilmanifesto.it; A. Santoro, *Privatizzazioni: alcune proposte al movimento*, in www.attac.italia.org.

[12] Luciano Gallino in *La scomparsa dell'Italia industriale*, Einaudi 2003, ha tracciato il disegno più netto del degrado della struttura industriale italiana seguita prima al saccheggio partitico, ma pur sempre privatista, degli anni '70 e '80, e più tardi alla scelta politica delle privatizzazioni. Si può leggere utilmente anche S. Cavallone, *Sul declino del'industria nazionale*, «Impiantistica nazionale», XVI, 5, settembre-ottobre 2004.

[13] In una recente edizione di *Porta a Porta* Romano Prodi ha delineato uno sconsolato panorama delle grandi imprese italiane, fra le quali, se si fa eccezione per la Fiat e (forse) Finmeccanica, il resto è costituito essenzialmente da grandi imprese di servizi a rete (Eni, Enel, Autostrade, ecc) per le quali il fatturato è costituito quasi totalmente da proventi tariffari.

[14] Cfr. Confindustria, *Indagine conoscitiva* cit.

[15] In quel 34% sono comprese le grandi imprese di multiutilities: Hera Spa, Meta Spa, Acea Spa a capitale misto (sulle quali vedi le schede in *Ripubblicizzare l'acqua*, cit., pp. 88 ss.), oltre alle imprese totalmente private. La distinzione fra privatizzazioni e liberalizzazioni sembra avanzare la richiesta di un mercato veramente 'concorrenziale'. Ma se si legge attentamente, si scopre che la critica è diretta sostanzialmente contro il ruolo privilegiato presunto delle ex-municipalizzte negli affidamenti propri dei processi di privatizzazione. La distinzione è, insomma una lancia spezzata per l'affidamento dei servizi locali a società interamente private.

[16] *Audizione* di Elio Catania, presidente di Ferrovie dello Stato, alla *Indagine conoscitiva sulle politiche di privatizzazione*, cit.

[17] Cfr A. Santoro, *Privatizzazioni*, cit.

[18] R. Romano, S. Ferrari, *Più poveri, ma brutti*, cit.

[19] Cfr. G. Altamore, *I predoni*, cit., pp. 154-155; G. Nebbia, *Se dipendesse da me. L'acqua dalla fonte... alla bottiglia*, «Quale Stato», n. 2, 2005, pp. 113-122; *Relazione sullo stato dei servizi idrici, 2004*, consultabile in: www.minambiente.it/Sito/cvri/cvri.htm

[20] Cfr. A. Santoro, *Privatizzazioni*, cit.

[21] Cfr. R. Romano, S. Ferrari. *Più poveri*, cit.; M. Bersani, *Beni pubblici: gestione pubblica di una proprietà sociale*, in: *Ripubblicizzare l'acqua*, cit. pp. 19-21; Confindustria, *Indagine conoscitiva*, cit. Nel 2003, l'allora presidente di Federacquagas (la Federazione italiana dei servizi idrici, gas, ecc.), Andrea Lolli, rispondeva all'ennesima denuncia dell'allora presidente della Confindustria D'Amato dell'inefficienza delle municipalizzate con una dichiarazione dal titolo malizioso *Agli industriali privati è venuta un'improvvisa sete*: «Se esistono imprenditori privati disposti a finanziare opere anche senza sapere come e quando il capitale verrà restituito, si facciano avanti, le aziende cederanno il passo! Se invece [...] si investe su settori di sicura redditività, beh allora siamo tutti capaci a fare gli imprenditori!».

[22] Sullo scontro, tuttora aperto in Europa sulla questione della privatizzazione dei servizi pubblici si veda su «Quale Stato» il resoconto di Enzo Bernardo (*Un anno di opposizione alla Bolkestein*, pp.145-163); l'intervista alla segretaria della federazione sindacale europea dei servizi pubblici, Carola Fischbach Pyttel, *Una campagna europea per valorizzare i servizi pubblici*, pp.164-170; Il documento della Fsesp, *Cinque ragioni per promuovere subito servizi pubblici di qualità*, pp. 171-179. Fra i materiali più di recente pubblicati da «Quale Stato» sull'argomento sarebbe utile leggere i contributi della Fischbach Pyttel (n. 3, 2004, pp. 271 ss) e i documenti della Fsesp: n. 1-2004, pp. 223 ss e n. 1, 2005, pp. 201 s.s.

[23] Si leggano a confronto qui di seguito il testo delle tesi congressuali della Cgil e quello dell'emendamento sostenuto dalla Funzione pubblica Cgil (in corsivo le modifiche e le aggiunte emendative). Appare chiara la differenza, da un lato, fra un giudizio e una prospettiva che fanno comunemente centro, sia in sede critica che in quella propositiva, su processi di più coerente, prevalente liberalizzazione anche di servizi di interesse generale e, dall'altro, nel testo emendativo, l'effetto che l'introduzione di nozioni quali 'beni comuni' e 'spazio pubblico' produce nel senso di sottrarre in linea di principio vaste aree di servizi al primato del mercato.

Le tesi congressuali della Cgil

«4.5. Le privatizzazioni dei servizi a rilevanza industriale (energia, trasporti, telecomunicazioni, ecc.), così come realizzate negli anni scorsi, non hanno favorito la nascita di nuovi soggetti economici, né di investitori istituzionali e in alcuni casi hanno concentrato posizioni di rendita e di potere in poche mani. Esse hanno acuito il conflitto di interessi largamente presente nella nostra economia, hanno sottratto risorse al core business delle imprese acquirenti a favore di rendite nei mercati protetti, hanno addossato alle società acquisite un pesante indebitamento, con forti penalizzazioni sugli investimenti di queste in innovazione e ricerca. Esse dunque hanno rappresentato un'occasione mancata per migliorare i servizi ai cittadini e alle imprese e per l'attuazione di una politica industriale centrata sull'innovazione della struttura economica italiana, che risulta così più arretrata e meno attrezzata alle sfide della competizione.

Le distorsioni che si sono prodotte vanno ripensate criticamente e superate in avanti compiendo scelte che non antepongano l'esigenza di cassa ai processi di privatizzazione, decidendo strategicamente in quali settori sia giusto mantenere, nel quadro di un sistema liberalizzato, la presenza di proprietà pubblica, ristabilendo l'ordine temporale di liberalizzazione e privatizzazione. In ogni caso, nei settori a rete, va garantita la terzietà delle imprese proprietarie delle reti e un rafforzamento dei poteri dei regolatori pubblici.»

L'emendamento sostenuto dalla Fp Cgil

«4.5. *L'esperienza* delle privatizzazioni dei servizi *di interesse generale* a rilevanza industriale (energia, trasporti, telecomunicazioni ecc.) *sollecita un ripensamento dell'intervento pubblico nei settori dei cosiddetti beni comuni. È necessaria una riflessione approfondita per arrivare ad una loro definizione più precisa, tenendo conto che il dibattito nazionale e ancor più quello europeo, volto anche a predisporre una direttiva quadro europea sui servizi di interesse generale, oltre a salute, istruzione, assistenza e sicurezza, per la definizione dei beni comuni prende in considerazione anche acqua, energia, gestione integrata del ciclo dei rifiuti, trasporto pubblico.*

«Le privatizzazioni realizzate negli anni scorsi non hanno favorito la nascita di nuovi soggetti economici, né d'investitori istituzionali e in alcuni casi hanno concentrato posizioni di rendita e di potere in poche mani. Esse hanno acuito il conflitto d'interessi largamente presente nella nostra economia, hanno sottratto risorse al core business delle imprese acquirenti a favore di rendite nei mercati protetti, hanno addossato alle società acquisite un pesante indebitamento, con forti penalizzazioni sugli investimenti di queste in innovazione e ricerca.

«È parziale e limitativo sostenere che ciò si è realizzato solo perché esse sono state gestite in modo spesso inappropriato o senza aver compiuto tutti i passaggi necessari.

«È utile, invece, vedere che quando si parla di beni comuni ci si riferisce a beni che, da una parte, costituiscono fattori decisivi per il benessere, i diritti e la qualità della vita delle persone e delle comunità, nonché dello stesso sviluppo economico; dall'altra, di settori che non sono riconducibili e orientabili da pure logiche di mercato, sia perché, in alcuni casi, costituiscono monopoli naturali, sia perché gli obiettivi di soddisfacimento dei bisogni sociali ad essi connessi travalicano puri scopi di redditività aziendale, soprattutto nel breve periodo.

«Diventa necessario, a questo riguardo, colmare il vuoto di una seria verifica, caso per caso, che ponga al centro il rapporto tra economicità ed efficienza degli effetti delle privatizzazioni con la qualità dei servizi e i costi posti a carico dei cittadini.

«In questo quadro, particolare attenzione merita il tema dell'acqua che, per il fatto di essere risorsa indispensabile alla vita, limitata in natura e per la quale va garantita l'accessibilità in termini universali, va considerata bene comune fondamentale e, dunque, di proprietà e gestione pubblica, al pari di salute, istruzione e sicurezza.

«È utile ragionare, quindi, nel settore dei beni comuni, della costruzione di un nuovo spazio pubblico, intendendo con esso non solo il mantenimento di un ruolo forte del soggetto pubblico nella proprietà e nella gestione, ma anche il fatto di favorire forme di controllo e partecipazione dei cittadini e degli utenti, finalizzate all'obiettivo di coniugare insieme efficienza e qualità dei servizi.

«Questa scelta di rilancio del ruolo pubblico impone, ancor più di quanto sia stato fatto fino ad oggi, una azione di riorganizzazione dei servizi pubblici, una loro più forte efficacia ed efficienza anche attraverso il rafforzamento della responsabilità del Sindacato e la finalizzazione a questi obiettivi delle sue politiche contrattuali.

«Per quanto riguarda le imprese pubbliche locali, [...].»

Alla questione della privatizzazione del servizi pubblici la Mozione finale del XV Congresso della Cisl dedica questa XII tesi in cui resta fermo che i processi debbano continuare alla condizione che vengano rispettate «corrette logiche industriali» e si avvi un processo di democratizzazione attraverso la diffusione dell'«azionariato». Non si trova una definizione più precisa dei servizi; l'acqua non è mai nominata.

«12. I processi di privatizzazione delle aziende che svolgono servizi pubblici non devono essere imposti da esigenze di cassa e di finanza pubblica, ma quando utili o necessari devono rispondere a corrette logiche industriali e di crescita produttiva del Paese. Pertanto, devono rappresentare una vera opportunità di democrazia economica e di partecipazione da realizzarsi attraverso l'azionariato diffuso, in particolare quello dei lavoratori. Solo così sarà possibile garantire la qualità e l'universalità dei relativi servizi, la salvaguardia dei livelli occupazionali e la valorizzazione delle risorse umane».

[24] Se si vuole risparmiare la fatica di consultare le Relazioni annuali sullo stato dei servizi idrici presentate dal Comitato per la vigilanza sull'uso delle risorse idriche (http://www.minambiente.it/Sito/cvri/cvri.htm), resta sempre utile leggere le parti relative del *Manifesto Italiano 2005 per un governo pubblico dell'acqua*, cit., e del volume citato di G. Altamore.

[25] Cfr. D. Hall, E. Lobina, *Dal pubblico al privato*, cit. e A. Santoro, *Privatizzazioni*, cit.

[26] Cfr. D. Hall., E. Lobina, R. de la Motte, *art. cit.*; G. Altamore, *art. cit.*; pp. 141-162*; Le lotte dell'acqua*, cit. nel sito www.contrattoacqua.it.

[27] Cfr. *supra*, nota 21.

[28] I sintomi della durezza dello scontro politico, che vede ormai opporsi dirigenti della maggioranza 'riformista' dell'Unione, pur divisa al suo interno, ai progetti e ai movimenti per la ripubblicizzazione dell'acqua sono netti soprattutto dove, come in Toscana, l'iniziativa dei movimenti ha investito direttamente le istituzioni. La raccolta di quasi 50.000 firme intorno alla *Proposta di legge di iniziativa popolare per la ripubblicizzazione del servizio idrico* non ha fermato la decisione dei sindaci toscani – in grandissima maggioranza del centro-sinistra – di far entrare l'Acea (ora partecipata all'8,6% da Suez) in Publiacqua Spa (la società di gestione del servizio idrico integrato dell'Ato 3 Medio Valdarno). La Cispel Toscana (l'Associazione regionale delle imprese e dei servizi pubblici) ha definito in un documento pubblico la *Proposta di legge di iniziativa popolare* «per molta parte inutile e per una piccola parte dannosa». Proposte di una spinta ulteriore alla privatizzazione dei servizi e polemiche contro i progetti di recupero del governo pubblico dell'acqua sono non meno nette a livello nazionale. Pochi giorni prima dello svolgimento della Festa nazionale dell'acqua, indetta a Milano dal Comitato italiano del Contratto mondiale dell'acqua, «il Riformista» ha intimato: «Prodi… stai con Vendola o con i mercatisti milanesi?». Si veda meglio E. Bernardo, *Dieci anni di opposizione*, cit.

[29] È utile rileggere, a distanza di due anni, R. Lembo, *L'acqua come bene comune. La strategia del movimento e il ruolo del sindacato*, «Quale Stato», 2, 2003, pp. 107-125.

[30] L'esigenza di un intervento volto a modificare radicalmente il quadro normativo generale diventa tanto più pressante quanto più singoli – anche importanti come quello toscano – episodi di lotta e di proposta si scontrano non soltanto con le prevedibili opposizioni politiche ma sempre più con gli orientamenti del quadro legislativo esistente. Si è ora avviato (con tre riunioni preparatorie fra luglio e ottobre) da parte di molti dei soggetti già protagonisti della crescita dei movimenti sull'acqua (incluso il Comitato italiano per il Contratto mondiale sull'acqua che ha inserito l'obiettivo nel *Manifesto italiano 2005 per un governo pubblico dell'acqua*, cit.) una impresa tanto necessaria quanto ambiziosa: muovere, con un largo processo di partecipazione, un percorso che si concluda nel 2006 con il lancio di una legge nazionale quadro di iniziativa popolare che ridisegni l'insieme dei problemi legati al ciclo idrico. L'iniziativa sembra particolarmente opportuna in primo luogo perché assume il tema imprescindibile della riforma del quadro legislativo nazionale sul ciclo dell'acqua, che dal '90 in poi, passando soprattutto dalla Legge Galli del '94, ha fornito un univoco impulso verso la privatizzazione, e infine perché proietta l'impegno unitario dei movimenti per l'acqua verso e oltre l'appuntamento delle elezioni politiche del 2006, collocandolo in una prospettiva di tempo congrua alla complessità e alla qualità dell'obiettivo. «Quale Stato», che partecipa sin dall'inizio con convinzione a questo progetto, conta di contribuirvi anche in futuro.

Per consultare materiali e resoconti dei lavori di Verso il Forum italiano dei movimenti per l'acqua, si può vedere il sito http://italia.attac.org/spip/rubrique.php3?id_rubrique=125.

* **Redazione di «Quale Stato».**

L'acqua, bene comune
Il caso della Toscana

Tommaso Fattori, Vincenzo Striano*

In Toscana è stata presentata una proposta di legge regionale di iniziativa popolare per la ri-pubblicizzazione dell'acqua, frutto di una collettiva 'scrittura partecipata': il Comitato promotore – e questo è già un fatto significativo – è composto da realtà locali che vanno dai Forum sociali all'Arci, all'associazione Attac della Toscana. Oltre un centinaio di gruppi, associazioni, sindacati e movimenti rappresentano, nella loro ricchezza e diversità, la parte attiva della società civile toscana.

Hanno un ruolo importante – ma solo in seconda battuta – partiti (toscani e nazionali) e reti associative e di movimento nazionali o di altre regioni, che confluiscono nel Comitato di aderenti.

Sono state raccolte più di 50.000 firme (ne sarebbero bastate 3.000, si puntava a 30.000). Un risultato straordinario, visto l'ostruzionismo di buona parte del mondo politico e la scarsa attenzione dei media. Il valore politico dell'iniziativa è quantomeno nazionale, dato che si propone di innescare un processo virtuoso che coinvolga altri territori e porti alla moltiplicazione di iniziative 'sorelle' in Italia (fino a una legge quadro nazionale di iniziativa popolare, che riguardi l'insieme del ciclo idrico) e in Europa, dove operano le più potenti multinazionali dell'acqua.

La proposta di legge è sostenuta da un ampio e complesso ragionamento, nel quale si intrecciano elementi specifici e questioni di ampio respiro. Il dato fondamentale consiste certamente nel fatto che la proposta costituisce una vera e propria 'rivoluzione culturale'. Veniamo da lunghi anni che hanno visto approfondirsi la crisi del pensiero tradizionale della sinistra e, insieme, registrato l'aggressivo sviluppo di ideologie di destra che hanno fortemente influenzato – e in qualche caso egemonizzato – il senso comune.

Sarebbe un grave errore sottovalutare quanto la politica, i partiti e le istituzioni siano generalmente condizionati dal 'sentire comune'. Paradossalmente, potremmo avere governi di sinistra che, in una società dove prevale un punto di vista fortemente conservatore, elaborano e praticano politiche di destra e, viceversa, partiti di orientamento conservatore che, pressati da un'opinione pubblica fortemente orientata in senso progressista, potrebbero trovarsi a dover compiere scelte innovative.

Lungi da noi la tentazione di affermare che tra destra e sinistra non ci sia più differenza. Vogliamo solo sottolineare l'importanza di quelle battaglie culturali che, fondandosi su valori forti, possono coinvolgere e mobilitare coscienze, aprire nuovi orizzonti ideali, promuovere nuovi stili di vita. L'esempio forse più evidente è costituito dai comportamenti adottati nei confronti degli immigrati. In presenza di forti pregiudizi e di paure diffuse, anche partiti di sinistra e forze progressiste hanno finito col concentrarsi sui temi della sicurezza, non su quelli dell'integrazione. L'effetto è stato non di rado il perseguimento di politiche discriminatorie, a volte nettamente razziste.

Quanto all'acqua e ai 'beni comuni' – e forse a causa del fallimento dei regimi del cosiddetto 'socialismo reale' – abbiamo assistito all'accrescersi della diffidenza verso la gestione pubblica e allo speculare diffondersi di una fiducia quasi dogmatica nelle virtù taumaturgiche del mercato. Tutto ciò è stato naturalmente assecondato da una martellante campagna organizzata da potenti sistemi di informazione e propaganda.

Nel senso comune, si è via via radicata l'idea che il pubblico produce spreco, mentre il privato garantisce efficienza. Eppure – a rigor di logica – perché un privato dovrebbe privilegiare l'interesse pubblico? Non è molto più verosimile che persegua esclusivamente il proprio arricchimento? Non è una clamorosa ammissione di fallimento da parte delle forze politiche affermare che le strutture pubbliche non sono in grado di garantire il bene dei cittadini?

Le tante privatizzazioni attuate in questi anni hanno prodotto davvero un miglioramento del servizio per i cittadini e un abbassamento delle tariffe? In molti casi è ormai possibile dimostrare – sia grazie ad attenti studi, sia sulla base di evidenze empiriche – che i privati che hanno acquisito strutture pubbliche in condizioni vantaggiose, hanno semplicemente cercato di realizzare il maggior profitto possibile, spesso licenziando o facendo ricorso a lavoro precario, senza investire in innovazione e in sicurezza: peggiorando, quindi, la qualità del servizio e mettendone in questione l'universalità. Né sono mancate, intorno alle privatizzazioni, operazioni di mera speculazione finanziaria.

La proposta toscana di legge sull'acqua assume, dunque, il senso generale di una battaglia culturale finalizzata a riaprire una discussione e a spostare gli orientamenti dell'opinione pubblica mettendo al centro una nuova idea di cittadinanza e di convivenza, che implica una netta inversione di rotta in relazione anche a quella parte di servizi alle persone organizzati a garanzia dei 'beni comuni sociali'.

L'idea è quella di ridisegnare – coinvolgendo non solo le forze politiche tradizionali ma, prima di tutto, la parte più attiva e consapevole della società civile – i confini di uno spazio pubblico fatto di partecipazione, diritti, giustizia sociale. Mettere al centro le persone e la natura, insomma, e non le esigenze dei mercati e il profitto.

La riduzione dei diritti a merce (ossia a bisogni da soddisfare sul mercato) è infatti una riduzione del valore stesso della cittadinanza. Si è cittadini certamente perché si ha diritto al voto o a un giusto processo, ma altrettanto perché si ha diritto a determinati beni e servizi, garantiti da un sistema di redistribuzione delle ricchezze liberato dalle diseguaglianze prodotte dal mercato. La mercantilizzazione di questi beni e servizi è una mercantilizzazione della cittadinanza e una frammentazione dei legami sociali.

Intorno ai 'beni comuni' – a ciò che come cittadini abbiamo in comune – si costruisce il senso stesso dell'essere in società. Privatizzarli significa dunque rompere fondamentali legami sociali e ridurre gli individui a singoli consumatori, soggetti di mercato isolati e in perenne competizione fra loro. Ma su questa strada si giunge anche a una forma di privatizzazione della politica: una società per azioni mista o interamente privata, che gestisca, per esempio, l'acqua, deve obbedire a logiche economiche e finanziarie, deve muoversi nell'ottica della massimizzazione del profitto per realizzare utili, e non certo rispondere alle assemblee elettive. Tanto meno può prevedere forme di partecipazione dei cittadini al governo della risorsa, dato che nel mercato non vi è democrazia. Dal concetto di tariffa si passa quindi a quello del prezzo di mercato; dall'obiettivo di garantire un servizio ai cittadini, a quello di aumentare i fatturati e i dividendi per gli azionisti. Così l'acqua non è più un bene 'pubblico', ma un bene 'economico' il cui valore dipende in ultima istanza dall'andamento dei mercati.

Vi è, infine, una parallela privatizzazione del sapere, che vanifica ogni pretesa di effettivo controllo del servizio da parte di autorità pubbliche (come l'Ato [1], nel caso dell'acqua): il pubblico perde le conoscenze necessarie per esercitare il proprio controllo nel momento in cui è all'impresa che passa tanto il 'fare' che il 'saper fare', che gli è inscindibilmente connesso. Le informazioni e le conoscenze di tipo economico-finanziario – sulla base delle quali dovrebbero essere fatte le valutazioni o prese le decisioni – sono dunque fornite dall'impresa stessa e da esse dipende ormai l'autorità pubblica. Il pubblico non sa più fare ciò che prima riusciva a fare e non possiede più quelle conoscenze e quelle informazioni che prima gli appartenevano, destinate a trasferirsi inesorabilmente e progressivamente all'impresa privata.

Costruire un'alternativa a simili processi impone l'ambizione di realizzare una riforma della politica che faccia della pace e della non violenza l'ispirazione prima del governo delle comunità locali e della comunità nazionale.

Un cambiamento di tale qualità e di questa dimensione non si attua in un sol giorno: c'è bisogno di avviare un percorso di rinnovamento profondo di contenuti e metodi. Occorre imparare a parlare al numero più ampio possibile di donne e uomini. Per questo servono percorsi partecipati e grande disponibilità al confronto. Atteggiamenti settari sarebbero dannosissimi. Si deve infatti avere chiara la consapevolezza della profonda pervasività che ha caratterizzato il radicamento dell'ideologia neoliberista. Non è, dunque, necessariamente un 'nemico del popolo' chi in buona fede è sospettoso verso la gestione pubblica. Del resto, la legge che viene proposta non punta a contrapporre al privato la costruzione di 'carrozzoni' statali burocratici, clientelari e produttori di spreco di risorse pubbliche, come non poche volte è avvenuto a causa delle peggiori gestioni del passato. Né la legge propone una gestione pubblica di tipo 'industrialista' che, fondata sulla logica del mercato e della massimizzazione del profitto, consideri comunque l'acqua come una merce.

L'idea feconda è invece quella di dar vita uno spazio pubblico partecipato, tornando ad investire le assemblee elettive delle decisioni fondamentali e costruendo un sistema di reale, diretta partecipazione dei cittadini-utenti e dei lavoratori del servizio alle scelte di gestione: così, nella proposta di legge, si chiede l'istituzione in ogni Ato della Consulta del diritto all'acqua. La questione della partecipazione è centrale. Centrale per ripensare nuove forme di democrazia, più inclusive e meno formali, proprio a partire dalla gestione dei 'beni comuni'. Questi richiedono, per loro natura, un governo partecipato: non si configurano, infatti, come proprietà privata, ma nemmeno come proprietà statale, gestibile da burocrazie che non sono meno potenzialmente escludenti del mercato. Sono beni inalienabili e indisponibili al mercato ma soprattutto sono beni di proprietà sociale e dunque di tutti, anche delle generazioni future. È quindi fondamentale – per ridisegnare uno spazio pubblico condiviso e partecipato, finalizzato al benessere della comunità – partire da temi capaci di interessare molti cittadini, che riguardino aspetti cruciali della vita contemporanea.

L'acqua, un po' come la pace, ha queste caratteristiche.

Naturalmente non si tratta di un percorso solo pedagogico o, peggio, di un atteggiamento strumentale: usare, cioè, l'acqua come tema-simbolo sganciato dalle questioni specifiche e concrete del bene in sé. Al contrario, l'acqua è proprio una delle grandi questioni del nostro tempo.

Com'è scritto nei documenti di presentazione della legge [2]:

"[...] *l'acqua rappresenta l'esempio più evidente di un bene comune a livello mondiale, un bene comune che non si può limitare o rifiutare agli esseri umani e alle specie viventi, un bene naturale fondamentale. L'acqua non può essere sostituita da altre sostanze, non si può evitare né posticiparne l'uso, non esistono scelte alternative: anche per questo non può essere considerata una merce* [...]. Perciò affermiamo che arrestare i processi di privatizzazione dell'acqua assume, nel XXI secolo, sempre più le caratteristiche di un problema di civiltà, che chiama in causa politici e cittadini, che chiede a ciascuno di valutare i propri atti, assumendosene la responsabilità rispetto alle generazioni viventi e future."

Più di un miliardo e quattrocento milioni di abitanti della terra non hanno accesso all'acqua potabile e si prevede, se rimarranno prevalenti le logiche neoliberiste, che nel giro di pochi anni si arriverà a tre miliardi. E tuttavia continua, dal livello internazionale a quello locale, la pressione di potenti lobbies economiche interessate allo sfruttamento privato della risorsa idrica, rese ancora più aggressive in una fase di contrazione dei consumi e di saturazione dei mercati delle merci tradizionali.

Questa pressione spesso influenza trasversalmente culture politiche e amministrative assai differenti tra loro. Del resto Wto, Banca mondiale, Fmi spianano ai gruppi privati strade immense verso la conquista di nuovi territori che comprendono sempre più i beni naturali (tra cui l'acqua) e fondamentali beni sociali (i servizi pubblici) puntando alla totale mercificazione del pianeta, che inglobi anche ciò che è essenziale alla vita.

La novità è che, contemporaneamente, anche elementi di una cultura alternativa – contrapposta al neoliberismo – vengono diffondendosi in tutto il pianeta attraverso le lotte contro la privatizzazione dei 'beni comuni' e dei servizi pubblici e per la costruzione di un modello profondamente nuovo di gestione pubblica, centrato sulla partecipazione democratica dei cittadini.

Questo fenomeno avviene in particolar modo attorno alle lotte per il diritto all'acqua, che coagulano culture ed esperienze diverse. In queste lotte si rispecchia ormai la generale lotta per un altro modello possibile di società, e si dimostra anche che la catena della globalizzazione neoliberista può essere spezzata. Si stanno sviluppando forme di resistenza e vertenze diversificate e originali: dalle comunità indiane dei contadini del Narmada che si oppongono alle grandi dighe, alle comunità di Cochabamba e di El Alto in Bolivia, alla recente esperienza dell'Uruguay, che ha introdotto nella Costituzione – grazie a un referendum popolare – il concetto dell'acqua 'bene comune universale non mercificabile'. Anche nell'Unione Europea vanno segnalati il caso emblematico di Grenoble – dove un ampio movimento ha condotto alla totale ri-pubblicizzazione della gestione dell'acqua [3] – e l'importante legge – approvata, pur con un governo di destra, a larga maggioranza nei Paesi Bassi – che esclude la possibilità di affidare a soggetti privati la gestione dei servizi idrici.

Nelle nostre società contribuiscono alla costruzione di una positiva cultura dell'acqua anche alcuni progetti di cooperazione internazionale relativi alle risorse idriche, sempre più numerosi e sostenuti soprattutto da associazioni democratiche. Queste campagne dimostrano, tra l'altro, che con piccoli sforzi si possono ottenere risultati molto rilevanti e positivi. Fatto importante, perché la politica non può consistere solo in affermazioni di principio, ma deve nutrirsi di concretezza.

Un esempio emblematico – non certo l'unico né il più importante – l'abbiamo conosciuto direttamente: nella valle di Arakan, nell'isola filippina di Mindanao, vivono una trentina di comunità Manobo che fin dagli anni cinquanta hanno dovuto assistere alla continua distruzione della loro foresta vergine ad opera di lobbies economiche interessate al legname. La riduzione degli spazi vivibili ha determinato un forte problema di accesso all'acqua potabile. La mortalità infantile è cresciuta fino a colpire il 25-30% dei bambini entro il quinto anno di età, principalmente a causa delle infezioni intestinali provocate dall'assunzione di acqua non potabile. Le tradizionali fonti alle quali i Manobo attingevano l'acqua per bere (torrenti, fiumi) sono infatti ormai inquinate dalle fabbriche di legname e dalle industrie minerarie. Nel 2003, Arci e Unicoop Firenze stabilirono una concreta collaborazione con le comunità Manobo di Mir Sais e Balayong, nel centro dell'isola. Grazie ai fondi raccolti, fu possibile realizzare due impianti di potabilizzazione. La comunità, coinvolta direttamente nei lavori, fornì la manodopera necessaria. Si è inoltre sviluppata, da allora, una campagna di sensibilizzazione sui problemi relativi all'uso dell'acqua e, nel giro di poco tempo, si è raggiunta una apprezzabile diminuzione percentuale della mortalità infantile.

La proposta di legge di iniziativa popolare della Toscana – che ha ricevuto grandi apprezzamenti sia a livello nazionale che internazionale – si colloca dunque in questo globale contesto di sperimentazione di nuovi percorsi e di costruzione di una nuova cultura dei 'beni comuni' e della partecipazione democratica: organizzazioni e pezzi di società impegnati nei movimenti e nei social forum si misurano su un terreno inedito, decidendo di 'farsi legislatori'.

Di questo percorso, del suo graduale estendersi ad aree crescenti dei cittadini e della società civile organizzata (le firme raccolte sotto la proposta di legge alla fine di settembre superavano di gran lunga il numero minimo richiesto dallo Statuto regionale nonostante il recinto di silenzio e di ostilità da cui è stata subito circondata), dell'effetto di stimolo [4] che ha svolto verso numerose situazioni in altri territori dove il conflitto oggettivo tra bisogni sociali e soluzioni mercatistiche faticava a dar luogo a una lotta consapevole e organizzata, si trova testimonianza nei materiali presenti nel sito già citato.

Note

[1] Gli Ato (Ambiti Territoriali Ottimali) furono istituiti con la Legge 5 gennaio 1994 n. 36 (Legge Galli). L'obiettivo dichiarato di superare la frammentazione delle gestioni si risolse nell'obbligo della confluenza negli Ato delle singole gestioni municipali.

[2] Vedili in: www.leggepopolareacqua.it dove è possibile consultare non soltanto il testo della legge, ma anche la significativa storia della proposta, esempio limpido di una costruzione dal basso di un movimento che, pur scontando un conflitto netto con i partiti e le istituzioni, non rinuncia a farsi 'legislatore'; e inoltre l'elenco dei movimenti promotori, materiali vari di informazione e approfondimenti.

[3] Sul caso di Grenoble vedi David Hall, Emanuele Lobina, *Dal pubblico al privato, e ritorno*, in «Quale Stato», n. 3-4, 2003, pp. 251-281, e nel n. 3-4 del 2005, alle pp. 195-221, degli stessi autori, cui si aggiunge Robin de la Motte, *Resistenza pubblica alle privatizzazioni dell'acqua e dell'energia*, in cui è interessante la registrazione dell'estensione mondiale dei movimenti di opposizione alle privatizzazioni e il numero non ridotto di successi di queste lotte.

[4] La crescita in molte regioni – dalla Valtellina alla Sicilia – di movimenti e lotte per la ripubblicizzazione dei servizi idrici ha infine dato luogo alla costituzione di un Forum italiano dei movimenti per l'acqua a proposito del quale si possono conoscere temi fondanti, obiettivi (una Proposta di legge di iniziativa popolare sull'acqua), scadenze e protagonisti (fra i quali c'è anche «Quale Stato») consultando il sito http://italia.attac.org

*** Tommaso Fattori fa parte della Rete Movimenti e Forum toscani per la Legge di iniziativa popolare sull'acqua. Vincenzo Striano è presidente dell'Arci della Toscana.**

Per il governo pubblico dell'acqua Il caso della Sardegna

Giovanni Pinna*

In Sardegna il 2005 ha rappresentato un anno significativo nella produzione di leggi, atti e norme destinati ad attuare la riforma del governo e della gestione delle risorse idriche entro i vincoli del quadro di riferimento normativo e legislativo comunitario e nazionale che, pure, consentono margini di elasticità sia temporale che applicativa.

Prima dell'approvazione, la produzione degli atti programmatori ed esecutivi ha seguito un lungo iter, caratterizzato da forti tensioni e conflitti determinati dai grandi interessi coinvolti e dalle conseguenti diverse proposte di modelli di governo e gestione. Conflitti che impegnano ancora oggi – il percorso non è ancora concluso – le diverse rappresentanze istituzionali: la Regione, i comuni e i loro consorzi, la stessa Autorità d'ambito, il sindacato.

Nell'insieme, credo si possa riconoscere che l'assetto che si prospetta sia, oggi, quello più avanzato possibile – tenuto conto dei vincoli della Legge Galli [1] e del Testo Unico sugli enti locali – quanto all'affermazione del ruolo pubblico nel governo e nella gestione delle risorse idriche.

Occorre tuttavia porre in evidenza che, non esistendo una 'Legge Galli' multisettoriale (uso irriguo, industriale e idroelettrico), l'assetto che viene determinandosi è fortemente contraddittorio e, per certi versi, paradossale rispetto alle funzioni pubbliche della Regione: mentre, infatti, viene conservato e ampliato il suo attuale ruolo nel governo e nella gestione multisettoriale, la Regione viene totalmente esclusa dal settore idropotabile, per il quale è prevista da un lato la soppressione del proprio ente – l'Esaf (Ente Sardo Acquedotti e Fognature) –, dall'altro la costituzione di una Spa che, pur a capitale interamente pubblico (conferito dagli enti locali), opererà ovviamente nella logica industriale di tipo privatistico che impone il pareggio dei conti attraverso l'imposizione tariffaria (investimenti compresi), senza alcuna possibilità di intervento pubblico di sostegno.

Come ho già detto, per la gestione multisettoriale viene invece confermato l'ente a totale capitale conferito dalla Regione. Va ricordato, comunque, che inizialmente anche per questo comparto era prevista la costituzione di una Spa. La grande mobilitazione di tanti soggetti sociali e, in prima fila, della Funzione pubblica Cgil contro tale impostazione totalmente privatista, è riuscita a tenere saldamente in mano pubblica la gestione del comparto multi-settoriale.

Si è trattato di un risultato importante, che è costato un aspro conflitto. E tanto più importante perché si è accompagnato alla scelta di ricondurre tutta la risorsa 'grezza' sotto il governo pubblico, attraverso l'istituzione dell'Autorità di bacino e dell'Agenzia regionale del distretto idrografico della Sardegna. Ciò consentirà interventi significativi 'a monte' del ciclo produttivo dell'acqua – anche per l'idropotabile, dunque – consentendo quindi la possibilità di favorire la riduzione dei costi dell'acqua 'grezza' compatibilmente, comunque, con le prescrizioni della Direttiva comunitaria 2000/60/CE che – a proposito di tariffe e recupero dei costi dei servizi idrici – impegna gli Stati membri ad assicurare che entro il 2010 tutti i settori contribuiscano al completo recupero dei costi dei servizi [2].

Per chiarire meglio gli effetti del modello che si va delineando in Sardegna è sufficiente richiamare gli atti più recenti. La Regione, con una delibera del mese di agosto, è intervenuta a sostegno dei Consorzi di bonifica – che non pagavano l'acqua per l'uso irriguo dal 1994 – riducendone il debito da 19,5 a 6,85 milioni di euro. In sostanza, essendo l'acqua per uso agricolo, industriale e idroelettrico interamente affidata alla gestione pubblica, è possibile intervenire nei confronti degli imprenditori per ridurre o abbattere il costo o il debito derivante dall'applicazione delle tariffe.

Quanto, invece, all'uso idropotabile, l'Autorità d'ambito, nello stesso mese di agosto, ha comunicato il nuovo piano delle tariffe: un incremento immediato del 25%, per arrivare gradualmente al 50% nei prossimi cinque anni. Tale piano di aumenti – dichiarato necessario a garantire la copertura dei costi della Spa pubblica – è stato peraltro illustrato come sottostimato rispetto all'effettivo costo complessivo dei servizi. Nei giorni successivi, quasi quotidianamente, si sono naturalmente susseguite sulla stampa locale prese di posizione contrarie all'aumento delle tariffe.

Tali esempi sono del tutto chiarificatori della differenza che passa fra una gestione interamente pubblica e quella di una Spa, per quanto totalmente a capitale pubblico conferito dagli enti locali.

Anche in Sardegna, purtroppo, è largamente prevalente fra le forze politiche – ma anche nei sindacati – l'idea che la Spa pubblica non rappresenti una privatizzazione del servizio, in quanto gli azionisti sono gli enti locali. Per quanto sia ovvio che una Spa pubblica non è la stessa cosa di una Spa privata, è tuttavia altrettanto ovvio che il principio privatista è insito nell'obbligo alla copertura tariffaria di tutti i costi e nel divieto di intervento finanziario pubblico diretto.

Che si tratti di una 'privatizzazione' a tutti gli effetti, è peraltro facilmente riscontrabile sulla base dell'analisi economico-finanziaria del piano industriale previsto per la Spa pubblica, in attuazione del Piano d'Ambito: il carattere privatista della gestione comporta infatti conseguenze automatiche sui regimi tariffari per i cittadini e sui bilanci dei Comuni. Una ristrutturazione, insomma, che – per realizzare il Servizio Idrico Integrato attraverso una pur giusta e necessaria azione di razionalizzazione delle attuali gestioni – trasferisce sulla gestione stessa enormi costi, liberando la Regione dalle attuali responsabilità dirette.

Pochi dati del piano industriale – relativi al 2001, e dunque certamente sottostimati in valore assoluto – bastano per rendersene facilmente conto.

Nell'attuale gestione del sistema idrico, infatti, i ricavi coprono appena il 58% dei costi operativi. La Regione, attraverso il proprio ente, è finora intervenuta ogni anno per un totale di 42 milioni di euro a copertura dei costi di adduzione, potabilizzazione, distribuzione e depurazione che si collocano su valori molto superiori a quelli del panorama nazionale. La perdita idrica 'apparente' (mancata tariffazione e perdita nelle reti), nella sola fase di distribuzione, è pari al 60% del volume immesso.

Questo quadro economico-finanziario graverà dunque interamente sulla nuova Spa pubblica, e bisognerà calcolare, in aggiunta, l'aggravio di un programma di ingenti investimenti strutturali necessari nelle reti e negli impianti. Nel piano si ricorda infatti che, in aggiunta agli interventi previsti dal Qcs[3] 2000-2006, per assicurare il livello di cofinanziamento prescritto dai regolamenti Ue (minimo 30%) sarà necessario adeguare le tariffe unitamente a un piano economico finanziario 'bancabile'.

In conclusione, il volume di investimenti interamente a carico della Spa, per i primi sei anni, è stimato in 232 milioni di euro. Su tali basi, il piano prevede infine una (francamente) molto improbabile e poco credibile prospettiva di riduzione – al decimo anno – dei costi del Servizio Idrico Integrato: dagli attuali 178 a 151 milioni di euro.

La costituzione del nuovo soggetto gestore unico è prevista entro la fine del 2005, ma – per quanto detto – non è certo un caso che la scelta della Spa stenti a decollare. Emergono infatti con sempre maggiore chiarezza le ripercussioni immediate e future per gli enti locali: a tutt'oggi, un solo comune della Sardegna ha versato la propria quota di capitale nella costituenda Spa pubblica. Peraltro, le attuali gestioni consortili intercomunali delle realtà più significative si oppongono alla fusione nel soggetto gestore unico, con diverse argomentazioni e motivazioni. Non si sfugge, insomma, alla chiara percezione che la Spa pubblica – nelle condizioni economiche e strutturali appena richiamate – stia nascendo già in crisi finanziaria e gestionale. Il rischio che ne consegue appare già evidente: non essendo possibile scaricare i costi interamente sulla tariffa (per il peso insostenibile che ne deriverebbe per i cittadini), occorrerà ricorrere inizialmente a forti indebitamenti che, in prospettiva, apriranno verosimilmente la strada all'ingresso determinante del capitale privato.

Che una prospettiva del genere sia tutt'altro che fantasiosa, si scorge persino dal testo stesso del documento di Programmazione economica e finanziaria (Dpef) approvato dalla Giunta Regionale, là dove recita testualmente: «[...] l'affidamento in tempi rapidi della gestione del servizio idrico integrato (legge Galli) è a totale capitale pubblico. In seguito si valuterà il ruolo che potrà essere affidato al capitale privato [...]». Va sottolineato che il cosiddetto «affidamento in tempi rapidi» è reso necessario dalla esigenza di non perdere il diritto ai fondi comunitari.

Nel corso di tutta questa vicenda la Funzione pubblica Cgil ha avuto un ruolo forte e netto nella mobilitazione e nel contrasto al disegno di gestione privatista delle risorse idriche, contro il taglio dei posti di lavoro previsto nel Piano d'Ambito, contro la precarietà del lavoro negli appalti e l'arretramento sul piano dei diritti e delle tutele contrattuali per centinaia di lavoratori.

Ne è nata dunque una vera e propria vertenza regionale promossa dalla Funzione pubblica Cgil insieme con i sindacati del pubblico impiego della Cisl e della Uil e con tutte le organizzazioni sindacali che operano nel comparto. Abbiamo promosso manifestazioni, occupato sedi della Regione e, il primo maggio scorso, gli impianti di potabilizzazione e depurazione, garantendo comunque il servizio. Il sindacato si è incontrato e ha operato insieme con i cittadini, le loro associazioni, i movimenti per l'acqua che stanno organizzandosi e crescendo anche nella nostra Regione, imponendo un confronto aspro e serio a tutte le forze politiche e alle rappresentanze istituzionali ai massimi livelli.

Credo proprio che l'esperienza della Sardegna rappresenti un esempio e una sollecitazione importante quanto alla necessità di avviare una seria e profonda riflessione, anche nella Cgil, a proposito della selezione rigorosa dei settori strategici nei quali il ruolo pubblico nella gestione di un servizio non può essere in alcun modo sostituito, neppure da forme che restano di fatto e di diritto di regime privatistico come la Spa pubblica.

Il governo e la gestione pubblica delle risorse idriche non dovrebbero, insomma, rientrare a pieno titolo nella grande battaglia che ha sempre caratterizzato l'azione della Cgil a difesa del ruolo insostituibile dello Stato e delle pubbliche funzioni al servizio di diritti universali e non mercificabili come sono, anche, la salute e l'istruzione?

Per queste ragioni, sono fermamente convinto che la stagione congressuale della Cgil debba rappresentare una opportunità ineludibile per una riflessione dirimente e conclusiva in proposito, finalizzata a ridefinire e aggiornare la politica della Cgil sui servizi pubblici e le loro privatizzazioni alla luce della esperienza di questi anni.

Certamente, questa scelta va fatta in primo luogo per l'acqua, se teniamo conto del fatto che nei confronti dei processi di privatizzazione realizzati con l'attuazione della Legge Galli è ormai in corso non solo un movimento, che si qualifica e si estende sempre più (e non solo in Italia), ma anche una riflessione critica che sta producendo atti politici e istituzionali in diverse regioni, come da qualche tempo «Quale Stato» sta opportunamente documentando in precedenti e in questo stesso fascicolo.

Su questo tema, è vero che le tesi congressuali toccano il problema ma, a mio avviso, un po' troppo timidamente e 'a maglie assai larghe', affidando al dibattito la riflessione attorno ai settori nei quali, strategicamente, sarebbe giusto mantenere la presenza della proprietà pubblica e sociale nel quadro di un sistema che si accetta complessivamente liberalizzato.

Credo che su questo punto il congresso della Cgil – quello della Funzione pubblica certamente si muove in questa direzione anche sulla base della recente Conferenza programmatica [4] – abbia l'obbligo di giungere, nelle sue conclusioni, a definire con maggiore chiarezza e nettezza la propria 'scelta di campo', facendo con coraggio scelte che risultino coerenti con le riflessioni e le lotte condotte in questi anni.

Note

[1] Legge 5 gennaio 1994, n. 36 *Disposizioni in materia di risorse idriche.*

[2] La Direttiva Quadro Europea sulle acque 2000/60/CE è del 23 ottobre 2000, e istituisce un quadro per l'azione comunitaria in materia di acque. Il provvedimento legislativo italiano di recepimento consiste nella Legge n. 327 del 22.12.2000. A decorrere dal 2010, si prescrive che gli Stati membri provvedano affinché le politiche dei prezzi dell'acqua incentivino gli utenti a usare le risorse idriche in modo efficiente e affinché i vari comparti (tariffazione familiare inclusa, dunque) diano un adeguato contributo al recupero dei costi dei servizi idrici, compresi i costi per l'ambiente e le risorse.

[3] Quadro Comunitario di Sostegno per le regioni italiane dell'Obiettivo 1 (2000-2006).

[4] Cfr. *Lavori, beni collettivi, uguaglianza. Idee e valori per un nuovo spazio pubblico*, Roma, 27 e 28 giugno 2005. Cfr. il sito della Fp-Cgil: www.fpcgil.it.

*** Segretario generale della Funzione pubblica Cgil della Sardegna.**

Le lotte per l'acqua in Abruzzo

Dante Caserta, Christian Cicala, Augusto De Sanctis,
Angela Di Giovannantonio, Renato Di Nicola,
Corrado Di Sante, Isidoro Malandra, Chiara Rizzi
del Forum Acqua dell'Abruzzo Social Forum e Wwf Abruzzo*

Terzo tunnel del Gran Sasso e trasferimento dell'acqua dall'Abruzzo alla Puglia: due grandi opere bloccate dai cittadini abruzzesi.

Il terzo tunnel del Gran Sasso

Il Gran Sasso d'Italia ospita la falda acquifera che rifornisce gran parte degli acquedotti delle province di Teramo, L'Aquila e Pescara. In questa zona importante e delicata, cuore del Parco nazionale del Gran Sasso e Monti della Laga, individuata come Sito di Interesse Comunitario (Sic) per gli habitat e le numerose specie vegetali ed animali presenti, sono state realizzate negli anni passati due gallerie autostradali e tre enormi sale sotterranee che ospitano i Laboratori dell'Istituto Nazionale di Fisica Nucleare. La realizzazione di queste opere ha causato un danno enorme alla falda acquifera che si è abbassata di 600 metri con conseguente scomparsa di moltissime sorgenti.

Il Ministro dei Trasporti e delle Infrastrutture Lunardi – già progettista dei precedenti tunnel autostradali – nel 2001 vuole realizzare una terza galleria di servizio ai Laboratori e altre due sale laboratorio sotterranee: un nuovo colpo alla più importante risorsa idrica d'Abruzzo con ulteriori perdite di preziosa acqua. Il Wwf Abruzzo, insieme a enti locali, associazioni e migliaia di cittadini, si schierano subito contro il terzo traforo e l'ampliamento dei Laboratori di Fisica Nucleare. Molte manifestazioni, a cui hanno partecipato decine di migliaia di cittadini, una petizione firmata da 35.000 persone, centinaia di incontri e sit-in scandiscono la lotta contro questa Grande Opera.

Con i ricorsi al Tar, tutti vinti, sono annullate diverse decisioni amministrative favorevoli all'opera. Infatti *il Consiglio Regionale il 30 luglio 2002, in una seduta blindata e vietata a cittadini e giornalisti, sotto la guida del Presidente*

Giovanni Pace e dell'assessore Giorgio De Matteis, boccia il referendum popolare sul terzo traforo, richiesto da due province e da oltre 80 comuni. Un atto arrogante che ignora la sospensiva del *Tar Abruzzo, che segnalava la scarsa e lacunosa tutela della salute dei cittadini e delle acque del Gran Sasso da parte dei progettisti e dei fautori dell'ennesimo scempio della montagna.*

Dopo la sospensiva, il Tar Abruzzo emette il 9 ottobre 2002 la sentenza definitiva, annullando la delibera Cipe che obbligava l'inizio dei lavori del Terzo Traforo. Ciononostante il Governo si ostina ad andare avanti e lo stesso Governo Regionale, seppur bocciato sempre dal Tar nella decisione di negare il referendum, reitera il diniego a svolgere la consultazione popolare. Sempre grazie agli esposti del Wwf, sono, inoltre, avviati due procedimenti giudiziari (uno penale ed uno civile) per l'inquinamento incontrollato delle risorse idriche della zona da parte dei Laboratori dai quali, il 16 agosto 2002, sono fuoriuscite almeno 50 kg di *1,2,4 trimetilbenzene* (una sostanza chimica cancerogena) finiti in un torrente e ritrovato anche in pozzi ad uso potabile a decine di km di distanza.

Inoltre viene fatta chiarezza su quanto avviene nei laboratori dell'Istituto Nazionale di Fisica Nucleare (Infn) nelle viscere della montagna a soli 18 metri dalle idrovore dell'acquedotto del Ruzzo che garantisce acqua potabile a circa 800.000 cittadini. Diversi incidenti con la perdita di olio minerale misto a trimetilbenzene, scoperti e documentati dal Wwf, sono già accaduti nei laboratori Infn e mai questi ultimi hanno avvertito le autorità pubbliche. L'ultimo sversamento avviene il 16 agosto 2002, quando centinaia di litri di trimetilbenzene (sostanza ad azione neurotossica) si riversano nel Mavone (affluente del Vomano). I cittadini sono informati dell'accaduto solo alcuni giorni dopo! Domenica 8 settembre 2002 tracce di trimetilbenzene sono trovate in due fontanili a Scerni di Pineto e Silvi. Oltre il danno la beffa: la commissione istituita dalla Regione Abruzzo per verificare la sicurezza dei laboratori Infn, non vede la partecipazione di nessuna delle forze sociali e ambientali che avevano denunciato la pericolosità degli esperimenti e l'inesistenza di sicurezza per i cittadini.

Questa, però, è solo la punta dell'iceberg: la magistratura di Teramo provvede a sequestrare prima l'esperimento Borexino e poi l'intera sala C dei Laboratori perché sprovvisti di qualsiasi autorizzazione (antincendio, scarico di fluidi e aeriformi, valutazione di impatto ambientale, agibilità, ottemperanza alla Direttiva Seveso bis, ecc.). Gli sversamenti sarebbero stati provocati da reflui degli esperimenti che, invece di essere smaltiti correttamente, erano scaricati direttamente in un pozzetto abusivo dei laboratori da cui finivano nel fiume Mavone. Inoltre i resti contaminati da sostanze pericolose dell'esperimento statunitense "Macro" sono stati smaltiti illegalmente e abbandonati nelle campagne aquilane.

Tutto questo appare ancora più grave se si tiene conto della scoperta della commistione tra le acque della rete dei Laboratori e quella degli acquedotti di L'Aquila e Teramo. Anche in questo caso la corretta gestione di un bene fondamentale per la vita è assoggettata al volere di ricercatori italiani ed esteri le cui scelte si sono rivelate fuori dal controllo della pubblica opinione.

Purtroppo nel 2004 il Governo Nazionale proclama lo Stato di Emergenza nominando un Commissario Straordinario che potrà derogare a molte leggi esistenti, tra cui paradossalmente quelle poste a tutela dell'acqua, e addirittura al Codice Penale.

In ogni caso quella che pareva persa è una campagna avviata alla vittoria perché anche il Commissario nominato dal Governo Berlusconi e gli stessi Laboratori di Fisica Nucleare del Gran Sasso hanno ammesso di non voler proseguire nel progetto del terzo tunnel.

L'affare "Acqua alla Puglia"

Raffaele Fitto, ex presidente della Regione Puglia, il 17 ottobre 2001 chiede all'Abruzzo di attivare la procedura, prevista dalla Legge Galli, di solidarietà interregionale per ottenere il trasferimento di enormi quantità di acqua dall'Abruzzo alla Puglia, circa 280 milioni di metri cubi annui. La Regione Abruzzo 43 giorni prima aveva già firmato un accordo per lo studio di fattibilità dell'opera di adduzione con la *Binnie Black & Veatch legata alla multinazionale anglo-statunitense Black & Veatch,* una delle più grandi società al mondo di progettazione e logistica (gas, petrolio, elettrodotti, dighe, strutture militari quali basi e poligoni, sistemi d'arma, ecc.), e tra le 14 multinazionali che operano per la ricostruzione dell'Iraq. In Italia ha un solo socio-amministratore tale Graham Thompson con poteri sostanzialmente illimitati.

Nel mentre da uno studio nazionale l'Abruzzo risulta la regione con la più alta percentuale (57%) di acqua dispersa dai suoi acquedotti, a L'Aquila si costituisce l'Amp, società consortile allo scopo di gestire, per oltre 20 anni, la progettazione, il finanziamento, la costruzione e la gestione delle opere di adduzione all'acquedotto pugliese, senza alcun controllo da parte della Regione Abruzzo. I cittadini abruzzesi, sebbene siano all'oscuro di quanto accade, dovrebbero finanziare attraverso un aumento delle tariffe le casse della società Amp, che prevede il recupero totale dei capitali investiti tramite la gestione/fornitura dell'acqua trasferita.

Si scopre che l'Amp ha chiesto la concessione dell'acqua dei fiumi abruzzesi e che il Ministero dell'Ambiente e della Tutela del Territorio ha avviato la procedura per affidare alla Società Amp una concessione idrica finalizzata alla captazione di oltre 200 milioni di metri cubi di acqua all'anno dai fiumi abruzzesi Pescara, Sangro e Vomano. Del progetto di captazione e vendita della nostra acqua alla Puglia i cittadini abruzzesi ed i loro amministratori sanno ben poco perché l'iter approvativo è andato avanti senza quel minimo di trasparenza e di coinvolgimento delle collettività locali che una scelta del genere dovrebbe comportare. Dalle informazioni acquisite sul progetto è evidente che questo, se realizzato, provocherebbe un vero e proprio disastro ambientale a livello regionale, toccando tutti i comuni abruzzesi e non solo quelli direttamente coinvolti dalle opere. Si determinerebbe la morte biologica dei tre maggiori fiumi della regione che, privati di buona parte della loro portata, si trasformerebbero in rigagnoli maleodoranti. Verrebbe alterata la dinamica di trasporto dei sedimenti da parte dei fiumi con aggravamento del fenomeno dell'erosione costiera. Le opere sottomarine (era previsto che l'acqua sarebbe stata trasportata in Puglia tramite enormi acquedotti lungo la costa ad una profondità di circa 10 metri) determinerebbero conseguenze difficilmente prevedibili e quantificabili sull'equilibrio della costa. Le ripercussioni economiche e sociali su tutto l'Abruzzo, regione a forte vocazione turistica e ancora in larga parte coltivata (pertanto fortemente bisognosa di acqua) non sfuggono quindi a nessuno.

Il 29 luglio 2003, però, a L'Aquila avviene la svolta. Presso il Provveditorato alle Opere Pubbliche si tiene una riunione aperta al pubblico convocata dal Ministero dell'Ambiente e della Tutela del Territorio per procedere all'affidamento della concessione alla società Amp. Una vasta mobilitazione promossa dall'Abruzzo Social Forum, dal Wwf e da tante altre organizzazioni, insieme a molti Amministratori locali, porta a manifestare nel capoluogo abruzzese circa 500 persone che bloccano i lavori e, nei fatti, provocano una marcia indietro della Regione Abruzzo scongiurando così la captazione e la privatizzazione dei tre fiumi.

Un'altra grande opera, che avrebbe comportato la realizzazione di una delle più grandi opere di trasferimento tra bacini d'Europa, viene così bloccata grazie alle pressioni dei cittadini.

La gestione pubblica dell'acqua è in serio pericolo

Nel 2005 in Abruzzo nasce l'Alleanza Abruzzese per l'Acqua, formata da decine di associazioni, movimenti, partiti, sindacati e semplici cittadini. L'alleanza nasce grazie alle iniziative del Forum Acqua dell'Abruzzo Social Forum e del Wwf Abruzzo che dal 2002 si battono per contrastare il processo di privatizzazione del servizio idrico integrato in Abruzzo, per affermare una gestione pubblica, sostenibile, equa ed efficiente dell'acqua e per chiedere che sia garantita la partecipazione della società civile nelle scelte che riguardano l'emergenza Gran Sasso.

Negli ultimi anni l'art. 113, comma 5, del Testo Unico Enti Locali (che disciplina le modalità di gestione dei servizi pubblici) è stato modificato due volte. La prima con l'art. 35 Legge Finanziaria 2002 che imponeva agli enti d'Ambito (Ato) di affidare la gestione del Servizio Idrico Integrato mediante gara ad evidenza pubblica ma consentiva loro di evitare di andare subito a gara affidando, direttamente ma temporaneamente, la gestione Sii ai Consorzi Acquedottistici che, necessariamente, dovevano trasformarsi in Spa e dovevano vendere mediante gara, entro due anni dall'affidamento, almeno il 40% delle quote ai privati, pena la decadenza dall'affidamento stesso.

A fine 2003 è intervenuta la seconda modifica dell'art. 113 grazie all'art. 14 del c.d. "Decretone" collegato alla Legge Finanziaria 2004. Riprendendo un orientamento assai diffuso in seno ai paesi dell'Unione Europea, l'art. 14 cancella l'obbligo di privatizzare la gestione Sii ed introduce la possibilità dell'"affidamento *in house*". In sostanza l'Autorità d'Ambito può affidare direttamente la gestione a Spa che abbiano capitale interamente pubblico a condizione che: a) gli enti pubblici titolari del capitale sociale esercitino sulle Spa un controllo analogo a quello esercitato sui propri servizi; b) che la Spa realizzi la parte più importante della propria attività con gli enti pubblici che la controllano.

L'Abruzzo è diviso in sei Ambiti Territoriali Ottimali. Alla fine del 2002, in applicazione dell'art. 35, i sei Consorzi furono trasformati in Spa e nel giugno 2003 furono annunciati gli affidamenti secondo la linea della privatizzazione delineata dall'art. 35. Le sei Spa prevedevano nei loro statuti la possibilità di vendere le quote della società a privati. In tre casi, potevano essere completamente privatizzate, mentre negli altri tre poteva essere messo sul mercato il 49% delle quote.

Per evitare questo e per essere sicuri che venisse subito perseguito l'obiettivo di mantenere pubblica la gestione, o almeno *in house*, come premessa per una futura completa ri-pubblicizzazione, la società civile abruzzese si è quindi mobilitata. L'Alleanza ha scritto a tutti i 305 sindaci abruzzesi e si è presentata con un centinaio di attivisti alla prima seduta del Consiglio Regionale rinnovato chiedendo che l'acqua non venisse privatizzata. Un primo risultato è consistito nella presa di posizione dell'Assessore Regionale al Ciclo Idrico Srour, che, tra i pochi in Italia, ha chiaramente escluso la privatizzazione delle Spa abruzzesi. Successivamente, l'Alleanza ha lavorato alacremente, anche con manifestazioni con centinaia di persone durante le assemblee degli amministratori, in tutti gli Ato affinché questi riaffidassero il Servizio Idrico Integrato alle Spa secondo la modalità *in house* previa modifica degli Statuti delle Spa che avevano optato per la vendita di parte o in toto del capitale societario.

Attualmente cinque dei sei Ato abruzzesi hanno affidato la gestione a Spa a completo capitale pubblico, per periodi variabili da 10 a 25 anni. Ora l'Alleanza ha deciso di lavorare per affermare un nuovo modello di gestione pubblica dell'acqua, lanciando una piattaforma di richieste, dal titolo inequivocabile: "*PUBBLICA, TRASPARENTE, SOSTENIBILE E PARTECIPATA:* il decalogo per la gestione democratica del servizio idrico integrato".

Queste sono le richieste:

Partecipazione degli Enti Locali alle scelte e cooperazione internazionale

Le Amministrazioni locali si impegnano a tutti i livelli per fermare la mercificazione dell'acqua contrastando il processo di privatizzazione dei servizi idrici locali anche con prese di posizione (mozioni, ordini del giorno, delibere, ricorsi, ecc.) sulle decisioni in corso a livello nazionale e internazionale (Parlamento, G8, Wto, ecc.). I Comuni dovrebbero farsi portatori presso la cittadinanza di una continua opera di informazione e sensibilizzazione non solo sulla gestione idrica a livello locale ma anche sulle decisioni in corso a livello nazionale e internazionale che possono avere ripercussioni sulla loro vita quotidiana. Ciò può avvenire invitando personalità di altri paesi, sottoscrivendo accordi a livello nazionale ed internazionale, avviando progetti di cooperazione internazionale sull'acqua, gemellaggi con città che hanno avuto problemi nella gestione dell'acqua, ecc.

Adesione ai principi del "Manifesto dell'Acqua"

Le Amministrazioni locali aderiscano al Manifesto dell'Acqua e alla Dichiarazione di Roma (dicembre 2003), ed inseriscano negli statuti comunali, negli statuti degli Ato e negli statuti delle rispettive aziende di gestione, riferimenti ai principi affermati nel "Manifesto dell'Acqua"e cioè: l'accesso all'acqua per tutti in quanto diritto umano, l'acqua come bene comune pubblico, il governo dell'acqua (proprietà, gestione, finanziamento e controllo) deve rimanere nella esclusiva disponibilità pubblica, la centralità della partecipazione dei cittadini.

50 litri per tutti e accesso all'acqua

Gli Enti Locali, gli Ato e le rispettive Aziende di Gestione del Servizio Idrico riconoscano nei rispettivi regolamenti il diritto per ogni cittadino alla disponibilità gratuita di 50 litri di acqua potabile al giorno attraverso la presa a carico da parte della collettività dei costi relativi via la fiscalità generale e/o specifica. Il che comporta il divieto di interruzione dell'erogazione del servizio idrico agli utenti morosi per motivi di indigenza.

I programmi di investimento devono mirare a garantire prioritariamente l'accesso all'acqua come bene primario degli utenti, con particolare attenzione alle utenze residenziali di prima abitazione

Il "Responsabile acqua" comunale

I rappresentanti dei comuni negli Ato abruzzesi contrastino i processi di privatizzazione e promuovano una nuova cultura dell'acqua che preveda la gestione pubblica del Servizio Idrico Integrato. Per sostenere questa azione è importante un continuo contatto con i cittadini ed è quindi necessario istituire nei rispettivi comuni una figura di riferimento istituzionale stabile sul tema dell'acqua come segno concreto di una nuova responsabilità pubblica. Come ai tempi di Roma antica, si suggerisce la creazione di un "responsabile acqua".

Organizzazione della gestione pubblica del servizio idrico integrato

La Regione Abruzzo e gli enti locali negli Ato sostengano la gestione pubblica, partecipata, sostenibile e trasparente del servizio idrico che deve avvenire attraverso strutture pubbliche. In particolare:

- deve essere promossa una gestione omogenea pubblica del servizio idrico a livello territoriale, possibilmente di bacino idrografico. D'altro lato, fino a quando non sia certa la natura pubblica e partecipata delle aziende che sono chiamate a gestire il servizio nei diversi territori, devono essere salvaguardate a tempo illimitato tutte quelle gestioni, anche comunali, che nel frattempo garantiscono una gestione pubblica dell'acqua;
- gli enti locali attraverso gli Ato promuovano una progressiva e complessiva riorganizzazione delle strutture che sovrintendono alla gestione del Servizio Idrico Integrato in cui la gestione pubblica e partecipata dell'acqua sia il punto centrale. Questo processo di riorganizzazione deve anch'esso essere partecipato dai cittadini attraverso assemblee pubbliche in tutti i comuni dell'Ato;
- l'obiettivo di chi ha veramente a cuore la gestione pubblica e partecipata dell'acqua deve essere la costruzione di aziende pubbliche che non abbiano un'organizzazione statutaria di tipo privatistico. Durante il periodo di riorganizzazione devono essere salvaguardate le gestioni in economia da parte dei comuni e devono restare in mano pubblica le quote societarie delle Spa. Inoltre le Spa limitino la loro attività al loro Ambito Territoriale Ottimale di riferimento (conformemente alla "gestione *in house*" prevista dall'art. 14 del Decreto Legge n. 269/03) e non partecipino a gare pubbliche negli altri Ato in Italia o all'estero, in modo da evitare la nascita di colossi dell'acqua con interessi incontrollati tali da pregiudicare i bisogni ed i diritti delle comunità locali.

La gestione ordinaria del Servizio Idrico Integrato

Una volta stabilito l'assetto organizzativo delle strutture che sono chiamate a gestire il S.I.I., gli amministratori si facciano promotori di una gestione ordinaria veramente partecipata e trasparente, fuori dalle logiche partitiche e clientelari, sperimentando pratiche democratiche e partecipate dal basso attraverso il:

- coinvolgimento dei cittadini nei processi decisionali attraverso la creazione di consigli di amministrazione delle aziende idriche aperti ad esponenti della società civile;
- tre esponenti della società civile nominati dalle associazioni sociali di appartenenza (un ambientalista, un rappresentante dei lavoratori ed un rappresentante dei consumatori) senza diritto di voto ma con diritto di parola;
- due cittadini aventi titoli specifici, scientifici ed umanistici, iscritti ad una lista da scegliere a sorteggio periodicamente;
- almeno in occasione dell'approvazione dei bilanci preventivi e consuntivi le sedute siano aperte alla partecipazione del pubblico.

Revisione partecipata dei Piani d'Ambito

- In tutti gli Ato si avvii una profonda analisi critica dei rispettivi Piani d'Ambito, finora approvati senza alcun confronto con la società civile. Detti Piani hanno previsto un progressivo ingresso dei privati nella gestione del Servizio Idrico Integrato e contengono una serie di decisioni discutibili relativamente alla tariffa e alla gestione delle reti.

Pubblicità degli atti e coinvolgimento degli utenti

Le aziende si devono impegnare a pubblicizzare i principali atti (bilancio, programmi di investimenti, piano industriale, composizione e relativi curricula degli amministratori, elenco dei consulenti, pianta organica e relative responsabilità) attraverso le più appropriate forme di comunicazione. Dovrà essere garantito almeno il deposito di tali atti presso gli uffici degli enti locali, gli uffici pubbliche relazioni e sui siti internet delle aziende.

Le aziende si devono impegnare a comunicare attraverso le forme più opportune (sito internet, opuscoli, uffici comunali, ecc.) agli utenti le fonti di approvvigionamento delle differenti reti e a descrivere la presenza di eventuali commistioni tra fonti differenti (potabilizzazione di acqua superficiali, potabilizzazioni da sub-alvei, acqua di sorgente, ecc.) anche sotto l'aspetto della qualità e delle relative quantità.

Le aziende si devono impegnare ad attivare forme di comunicazione e coinvolgimento degli utenti rispetto alle principali scelte e politiche aziendali. Le aziende dovrebbero convocare almeno due volte l'anno in ognuno dei due principali comuni dell'Ato assemblee degli utenti dandone appropriata pubblicizzazione. Queste assemblee saranno pubbliche anche se la partecipazione degli utenti può essere ristretta ad un numero limitato garantendo la possibilità a tutti di prenotare a partire da una data resa pubblica con adeguato anticipo. All'Assemblea sono invitati altresì i rappresentanti di associazioni di consumatori, di sindacati e di associazioni ambientaliste.

L'Assemblea esprime valutazioni, osservazioni e proposte di modifica del Regolamento per la gestione dell'utenza, della Carta dei servizi, del contratto tra Ato e aziende, degli statuti delle aziende e dei piani di investimento e sviluppo delle aziende.

Promozione di comportamenti responsabili

Le aziende devono promuovere un utilizzo sostenibile delle risorse idriche, con particolare riferimento al risparmio idrico e agli aspetti della responsabilità sociale connessi alla gestione di un bene primario come l'acqua, attraverso specifici programmi e campagne di informazione, sensibilizzazione ed educazione degli utenti. Le aziende devono impegnarsi ad attivare uno "*Sportello per il risparmio idrico*" e un "*Servizio di consulenza per il risparmio e l'efficienza*" per l'attivazione di programmi di intervento volti al risparmio e all'efficienza nell'uso della risorsa da parte degli utenti. Questo può avvenire anche attraverso agevolazioni tariffarie per gli utenti che investono sul risparmio e sull'efficienza. Dovrebbero essere previste particolari tariffe che possono tener conto del trend di consumo dell'utente negli anni e proposte di investimento delle aziende verso gli utenti in cambio di particolari misure tariffarie in cui le aziende ottengano adeguati introiti puntando sul risparmio e non sul consumo della risorsa. Se si considerano anche i costi ambientali molto spesso è più conveniente anche economicamente pensare in termini di mega-litri (litri di acqua risparmiati) e non di aumento dei consumi della risorsa: è meglio risparmiare attraverso l'efficienza che non captare sorgenti e fiumi. I comuni introducano procedimenti amministrativi e normativi che obblighino e/o favoriscano l'adozione di un sistema di riciclo-riutilizzo dell'acqua per tutte le nuove costruzioni pubbliche e private.

* **c/o Wwf Abruzzo, CP317, Pescara, e-mail: info@abruzzosocialforum.org.**

Un laboratorio culturale e pedagogico
Il caso del Friuli

Massimo Moretuzzo*

Ho conosciuto un tale,
un tale di Cesenatico,
che voleva comprare
il mare Adriatico

Lo voleva tutto suo,
da Trieste in giù,
quel bellissimo mare
più verde che blu.

Pagherò quello che costa
e mettete pure nel conto
Venezia, Ancona, Bari
e San Benedetto del Tronto.

Voglio essere il proprietario
ed unico padrone
del mare, delle spiagge,
dei pesci e delle persone.

Ma cosa ne vuol fare?
gli domandava la gente
il mare se ci fa un tuffo,
è tutto suo per niente.

Lo può guardare gratis
da Brindisi, da Porto Corsini
e poi dove li mette
i bastimenti, i delfini?

Farò fare una cassaforte
così grande che basterà
per il mare e le sue barche,
i paesi e le città

Non avete capito
che tipo sono io?
A me il mondo non piace
se non posso dire: è mio.

Era un tipo così,
quel tale che vi ho detto
soldi ne aveva a montagne,
ma in fondo era un poveretto…

Non sapeva che il mondo
non costa nemmeno un quattrino:
può averlo tutto gratis
se vuole, anche un bambino [1]

In questo bellissimo testo di Gianni Rodari si sottende una delle domande principali che chi oggi lavora in chiave educativa sul tema dell'acqua deve necessariamente porsi: "A chi appartiene l'acqua?" [2].

La risposta che la campagna per il Contratto Mondiale sull'Acqua ha posto come fondante delle azioni realizzate a partire dalla presentazione del Manifesto dell'acqua (1998) è che l'acqua è innanzitutto un patrimonio dell'umanità, che la sua proprietà e gestione è qualcosa in cui tutti sono direttamente coinvolti.

Da questa risposta, e soprattutto dalle possibili interpretazioni aperte dalla domanda, ha preso il via nel 2000 la campagna di educazione allo sviluppo promossa dal CeVI – Centro di Volontariato Internazionale, Ong di Udine – e da altre 10 Ong del Cipsi – Coordinamento di Iniziative Popolari di Solidarietà Internazionale – che ha supportato fin dalle prime battute l'azione del Comitato Italiano per il Contratto Mondiale sull'Acqua attraverso la produzione di materiali informativi e didattici, la realizzazione di incontri pubblici, la sensibilizzazione del mondo della scuola.

Il progetto "Acqua bene comune dell'umanità", questo il titolo della campagna, si basa dunque sul presupposto dell'educazione all'acqua intesa come educazione alla cittadinanza, sulla necessità di problematizzare attorno alle domande, a partire da quella inerente l'appartenenza dell'acqua: in che modo si articola questa idea e come si traduce in pratiche di partecipazione democratica delle persone, dei cittadini, delle comunità nella gestione delle risorse idriche?

È evidente che il tentativo di dare una risposta a questo interrogativo non può limitarsi alla sola sfera delle attività rivolte alle istituzioni scolastiche, come spesso capita di fare a molti soggetti che lavorano nell'educazione alla mondialità.

L'approccio territoriale integrato

La modalità di intervento che è stata utilizzata dal CeVI e dalle Ong che hanno avviato la campagna è stata quella del lavoro di rete. Si è inteso dunque costruire in modo partecipato i cambiamenti desiderabili e raggiungibili, facendo interagire diverse prospettive, molteplici rappresentazioni del problema oggetto della riflessione avviata: l'acqua.

Naturalmente la scelta di questa tipologia di approccio implica un confronto, una negoziazione, una discussione con i vari soggetti del territorio in cui le azioni vengono realizzate, che non può eludere alcune questioni fondanti come:

- il fatto che le varie questioni legate alle risorse idriche in chiave locale possono essere lette e interpretate da più punti di vista e prospettive;
- i problemi individuati a livello di interventi educativi non si caratterizzano per nessi di causalità lineari;
- il ruolo delle associazioni e degli operatori coinvolti è la promozione di *empowerment* di comunità, gruppi, individui realizzato attraverso pratiche di scambio, di relazione, di informazione e comunicazione;

- la progettualità ha il compito di valorizzare le potenzialità e le risorse già attive a livello locale [3].

Nella campagna *Acqua bene comune dell'umanità* si è inteso quindi dare avvio ad un intreccio complesso di azioni che fin dalle prime battute non si è limitato a giocare uno dei ruoli che quasi sempre sono previsti per le associazioni o le Ong dalle frequenti "sceneggiature" del dialogo sociale: in questo progetto si sono trovati e tuttora si trovano fianco a fianco soggetti solitamente molto distanti e difficilmente in comunicazione.

In questo senso è stato dato nuovo significato anche allo stesso concetto di educazione allo sviluppo praticata dalle Ong: non più solo approccio pedagogico ai temi dello sviluppo e dell'interdipendenza nord-sud, ma approccio pedagogico attivo, insieme di azioni che hanno come obiettivo il cambiamento attraverso un lavoro strutturale, culturale, politico [4].

Un caso concreto: il Tavolo Acqua bene comune

Il CeVI, oltre che coordinatore della Campagna *Acqua bene comune dell'umanità*, co-fondatore del Comitato Italiano per il Contratto Mondiale sull'Acqua e membro del Consiglio direttivo dello stesso, è una delle realtà associative operanti nel contesto della solidarietà internazionale attive nella Regione Friuli Venezia Giulia.

La scelta di avviare in una prospettiva di rete anche in questo territorio la riflessione sulle questioni dell'acqua, della sua appartenenza e degli spazi democratici che queste questioni occupano, si è tradotta per il CeVI in un lavoro di contatti e relazioni che, incontro dopo incontro, seminario dopo seminario, è sfociata nella costituzione del Tavolo Acqua bene comune [5].

Attorno a questa sede virtuale si sono seduti diversi soggetti a diverso titolo collegati al tema della gestione delle risorse idriche: associazioni ambientaliste, facoltà universitarie, enti locali, enti gestori, sindacati, consorzi di bonifica, comitati di cittadini, associazioni di consumatori.

È evidente che l'eterogeneità degli enti coinvolti ha rappresentato al tempo stesso un elemento di forza e di debolezza. C'è stata infatti una positiva contaminazione di approcci diversi rispetto a un tema che certo non può essere considerato in maniera univoca, contaminazione che ha permesso di negoziare posizioni che prima sembravano irriducibili. Questa molteplicità si è d'altro canto spesso tradotta in visioni e strategie diverse, quasi parallele.

Uno degli elementi di positività è certamente il fatto che il lavoro del Tavolo Acqua bene comune si è concretizzato in un documento condiviso, sottoscritto da tutti i membri del Tavolo, la "Carta dell'acqua dei cittadini e degli enti locali del Friuli Venezia Giulia".

Basata su un analogo documento redatto dal Comitato Italiano per il Contratto Mondiale sull'Acqua [6], questo testo ha permesso di individuare una serie di assunti attorno ai quali suscitare presso l'opinione pubblica regionale un dibattito importante, che in seguito avrebbe condizionato, come vedremo, anche le scelte della stessa amministrazione regionale.

Non solo educazione...

Questo percorso ha attraversato naturalmente anche il mondo delle istituzioni scolastiche, sia in chiave nazionale, che rispetto alla Regione Friuli Venezia Giulia.

A livello italiano la campagna ha inteso interagire con la scuola attraverso una modalità innovativa, che permettesse di raggiungere quanti più territori possibile e intercettare un target, quello degli insegnanti, che a sua volta moltiplicasse gli input ricevuti presso i destinatari ultimi dell'azione, cioè gli studenti; questa modalità è stata individuata nell'e-learning, e in particolare nel corso @cqu@online [7].

Oltre che in grado di rendere irrilevante la distanza fisica presente, ad esempio, fra un insegnante di Catania e uno di Bolzano ai fini della partecipazione di entrambi allo stesso corso, la formazione a distanza ha una serie di caratteristiche che la rendono particolarmente indicata per la realizzazione di attività formative inerenti le questioni della partecipazione, della cittadinanza, delle dinamiche interculturali:

- il tipo di apprendimento che si stabilisce on line è cooperativo; i partecipanti scrivono gli uni per gli altri, forniscono contributi al sapere di tutti. Nel caso specifico della campagna acqua sono stati centinaia i progetti didattici sperimentati dai docenti che sono stati scambiati e divulgati in rete.
- alle lezioni dei docenti (*benchmark lessons*) che hanno lo scopo di introdurre concetti fondamentali, focalizzando e chiarendo alcuni aspetti, segue un

aiuto collaborativo dei partecipanti al corso (*reciprocal teaching*), che produce un testo (progetto) definitivo con la condivisione di tutti [8].

Il corso @cqu@online è giunto ormai alla sua quarta edizione e sono centinaia gli insegnanti e gli educatori di tutte le regioni italiane che hanno partecipato a questo percorso formativo.

Per quanto riguarda invece la Regione Friuli Venezia Giulia il tema dell'acqua bene comune si è inserito nella consolidata attività di educazione alla mondialità che il CeVI realizza da circa 15 anni presso centinaia di istituti scolastici di tutto il territorio regionale.

I percorsi didattici "acquatici" sono rivolti a gruppi di studenti di ogni ordine e grado e si svolgono attraverso dei giochi di ruolo [9], l'intervento di mediatori culturali provenienti dai Paesi del Sud del Mondo, la presentazione di azioni concrete di salvaguardia dell'acqua in termini ambientali e del riconoscimento del diritto all'acqua per chi ancora oggi si vede questo diritto negato.

Anche questo tipo di attività è stata, ovunque se ne presentasse la possibilità, messa in relazione con problematiche, istituzioni, vertenze, locali o internazionali.

Fra i casi più interessanti ne citiamo due che ci sembrano, fra i tanti, piuttosto significativi: l'Istituto Comprensivo di Paluzza, paese della zona della Carnia, nord della Provincia di Udine, e l'Itas D'Annunzio di Gorizia.

A scuola fra il fiume e le dighe...

Come per molti fiumi del mondo, anche attorno al Tagliamento, ultimo fiume dell'arco alpino il cui corso non è ancora stato irrimediabilmente devastato dall'impatto antropico, si sviluppano piccole e grandi conflittualità di interessi, utilizzi, modalità di approccio nella gestione delle risorse naturali.

Una di queste dispute riguarda la captazione dell'acqua del fiume per la produzione di energia elettrica, che viene ritenuta indispensabile per lo sviluppo del territorio e di scarso impatto ambientale da parte di una cooperativa locale responsabile di vari impianti idroelettrici, e invece considerata una vera e propria catastrofe per l'ecosistema fluviale da parte di un comitato di cittadini sorto a difesa del corso d'acqua.

In questo dibatto si sono inserite alcune classi dell'Istituto Comprensivo di Paluzza, che, con il supporto del CeVI e l'entusiasmo di alcuni insegnanti, attraverso incontri aperti alle istituzioni locali e alla cittadinanza, alla realizzazione di una mostra fotografica, alla produzione di materiali multimediali, hanno cercato di assemblare i pezzi locali e globali della partita che sul pianeta si sta giocando sul futuro delle risorse idriche [10].

Nella traduzione delle questioni planetarie che investono il tema dell'acqua in una prospettiva locale, gli studenti hanno posto ai loro interlocutori, ente produttore di energia idroelettrica e comitato dei cittadini, la fatidica domanda: "ma di chi è quest'acqua?".

Di fronte a questo interrogativo, alla sua sorgente e al percorso che lo ha innescato, credo che in questa sede sia superfluo riportare le risposte che esso ha ricevuto, e più proficuo fermarsi a riflettere sul fatto che "è la domanda dunque (non la risposta) che ci permette di problematizzare, cioè di fare educazione" [11]. Forse anche di aprire una possibilità di ri-appropriazione del territorio, dei propri spazi di partecipazione democratica nella gestione di una fonte di vita insostituibile.

...dall'Isonzo alla Neretva

Il progetto nel quale è coinvolto l'Itas D'Annunzio di Gorizia parte da una prospettiva inizialmente ambientale. Questo istituto, in rete con circa una decina di altre scuole della Provincia di Gorizia, realizza da tempo il monitoraggio delle acque del fiume Isonzo, secondo le modalità del protocollo internazionale Green [12].

In seguito alla collaborazione con il CeVI e il Contratto mondiale sull'acqua, è stata stabilita una relazione significativa con scuole e associazioni operanti sul tema dell'educazione all'acqua e presenti in Bosnia-Erzegovina.

Dopo un primo contatto avvenuto con la visita di una delegazione bosniaca a Gorizia, che ha partecipato ai lavori dell'Isonzo Day 2004, la relazione si è rafforzata in seguito alla partecipazione di alcuni insegnanti alla *Carovana per Mostar* promossa dal Comitato italiano per il Contratto mondiale sull'acqua e da molte altre associazioni e movimenti italiani in occasione dell'inaugurazione dello Stari Most, il vecchio ponte di Mostar, simbolo di incontro fra culture, genti, civiltà diverse, distrutto durante la guerra dei Balcani e successivamente ricostruito con il sostegno della Comunità internazionale.

Il passo più importante di questo scambio si è concretizzato con la restituzione della visita a Mostar da parte di una delegazione di studenti e insegnanti delle scuole di Gorizia, che ha sancito una nuova forma di gemellaggio: non solo fra due città o due scuole di queste città, ma fra i fiumi di due territori, che riversano in questa relazione tutta la loro storia, il vissuto delle comunità che abitano le loro rive da secoli, le forme di sviluppo, le culture che sono nate dalle loro acque.

Un rapporto fra comunità e fiumi che pone, ancora una volta, interrogativi sul futuro che aspetta questi corsi d'acqua e le terre che attraversano; domande come quelle sugli interessi che stanno alla base dei progetti di costruzione delle grandi dighe che saranno realizzate sull'alto corso della Neretva, ad oggi tratto fluviale incontaminato e dichiarato patrimonio dell'umanità dall'Unesco; progetti che risultano incomprensibili se si pensa al fatto che la Bosnia-Erzegovina produce energia elettrica per otto volte il fabbisogno nazionale e se non si considerano gli interessi colossali delle imprese transnazionali che stanno mettendo le mani sulle enormi risorse naturali, acqua in primis, dei Balcani.

Un passo concreto verso il partenariato pubblico-pubblico

Nel dibattito internazionale che si sta sviluppando attorno al tema della gestione delle risorse idriche uno spazio importante è sempre più spesso riservato alla necessità di trovare delle forme di finanziamento dell'accesso all'acqua per tutti, che siano alternative alle modalità proposte dalle istituzioni internazionali, come la Banca Mondiale, basate sul coinvolgimento forte del settore privato e sulle regole del mercato.

La proposta sviluppata dal Contratto mondiale sull'acqua è quella di promuovere delle forme di partenariato pubblico–pubblico (in opposizione a quello pubblico-privato di cui sopra), che sostituiscano i "dogmi" della competitività con la cooperazione, del profitto con la solidarietà, dell'interesse privato con quello collettivo.

Questa idea è stata raccolta da molti Enti locali che hanno avviato delle relazioni significative con comunità dei Paesi del Sud del mondo, non solo finanziando la realizzazione di infrastrutture che permettano di migliorare l'accesso all'acqua per i membri di queste comunità, ma anche e soprattutto stabilendo degli scambi culturali, educativi, tecnici fra settori omologhi delle rispettive realtà locali; agendo quindi in una prospettiva di cooperazione decentrata [13].

In questa direzione la Regione Friuli Venezia Giulia ha fatto del tema del diritto all'acqua uno dei temi centrali previsti dal proprio programma regionale sulla cooperazione internazionale, attraverso l'attivazione del *Tavolo tematico sulla Campagna mondiale per il diritto all'acqua* cui sono stati coinvolti diversi attori locali impegnati da tempo in questo ambito.

L'idea di coniugare gli aspetti direttamente riconducibili all'urgente necessità di migliorare le condizioni di vita di chi non ha abbastanza acqua per condurre un'esistenza dignitosa, con l'opportunità di stabilire dei contatti significativi con percorsi e processi di gestione pubblica e democratica dell'acqua in altre zone del mondo, si è tradotta nell'avvio di un progetto cooperazione decentrata con alcune realtà operanti in Bolivia, in particolare nelle zone di Cochabamba e La Paz.

Il valore aggiunto di questa scelta risulta evidente se pensiamo a quanto, oggi più che mai, la Bolivia rappresenti uno dei casi più eclatanti di fallimento delle politiche di privatizzazione delle risorse idriche e soprattutto di resistenza da parte dei popoli del Sud rispetto a queste stesse politiche.

La Guerra dell'acqua dell'aprile del 2000 a Cochabamba, che ha visto uscire sconfitta una cordata di imprese transnazionali, fra cui l'italiana Edison, la gestione partecipata dell'acqua che si sta sperimentando, la storica istituzione del primo Ministero dell'acqua, costituito dal Governo di Evo Morales e affidato a uno dei leader del movimento dell'acqua, Abel Mamani, tracciano un percorso allo stesso tempo ideale e concreto, che di certo si pone nel rapporto con le istituzioni e la società friulana come esempio con cui confrontarsi, discutere e approfondire significati, riflettere su una forma molto concreta di declinazione dell'idea di democrazia partecipativa, che nel nostro Paese rimane, troppo spesso, appunto un'idea.

La nuova legge regionale

L'attivazione del Tavolo *Acqua bene comune*, la realizzazione dei percorsi didattici con scuole di ogni ordine e grado, l'avvio del progetto di cooperazione decentrata con la Bolivia, rappresentano di certo dei tasselli importanti dell'azione condotta dai sostenitori del Contratto Mondiale sull'Acqua in Friuli Venezia Giulia. Sarebbero però delle iniziative di impatto solo parziale se non fossero state in grado di incidere anche nell'assetto legislativo e istituzionale della Regione; se cioè le varie amministrazioni pubbliche, a partire da quella regionale, aderissero e sostenessero questi processi e poi consegnassero la gestione dell'acqua del territorio alle regole della concorrenza per il mercato, si verificherebbe un "cortocircuito" etico, una mancanza di coerenza difficilmente accettabile (che per altro si è verificata in altre Regioni italiane ...).

È per questo che fin dalle prime battute il CeVI e gli altri soggetti aderenti alla Campagna *Acqua bene comune* hanno cercato di interagire in modo forte con l'amministrazione regionale al fine di inserire i principi del Manifesto dell'acqua nella normativa locale sulla gestione delle risorse idriche, che ad oltre un decennio dalla legge quadro nazionale (Legge n. 36/94) in Friuli Venezia Giulia non era ancora stata approvata.

Questo tentativo si è inizialmente scontrato con le intenzioni espresse dalla Giunta regionale nelle *Linee guida per il recepimento della Legge 36/94 in FVG*, rese pubbliche nel gennaio 2004 e nelle quali si prevedeva, fra le altre cose, l'opportunità di "conformarsi ai principi comunitari della trasparenza, della libera concorrenza e della parità di trattamento [...] che prevedono la gara pubblica quale unico strumento di conferimento dei servizi pubblici locali": in altre parole la privatizzazione del Servizio Idrico Integrato.

Davanti a questa posizione, apertamente in contrasto con l'adesione della stessa Giunta regionale alla *Carta dell'acqua* proposta dal Tavolo *Acqua bene comune,* il CeVI ha lanciato l'*Appello per l'acqua*, nel quale si chiedeva alla Regione FVG di ritirare le linee guida e di inserire nella futura legge regionale i principi della Carta dell'acqua. Le adesioni all'appello da parte di cittadini, associazioni, partiti sono state centinaia e molto forte è stata l'eco sulla stampa locale.

In questa fase così concitata si è anche registrato il tentativo di dare vita a una grossa multiutility del nord est, la cosiddetta NES (Nord Est Servizi), con il fine ultimo di aggregare i soggetti pubblici e privati di questo territorio e reggere la sfida lanciata dai colossi multinazionali nella concorrenza sul mercato dei servizi pubblici, in un'ottica quindi di completa liberalizzazione di questi settori, acqua compresa.

Al fallimento di questo tentativo, affossato da una atipica e trasversale coalizione composta da sindaci, partiti politici, enti gestori e rappresentanti dei movimenti sociali, è seguita un'accelerazione dell'iter legislativo relativo alla servizio idrico integrato che ha portato nel giugno del 2005 all'approvazione della Legge regionale n. 13/2005 "Organizzazione del servizio idrico integrato e individuazione degli ambiti territoriali ottimali in attuazione della legge 5 gennaio 1994, n. 36 (Disposizioni in materia di risorse idriche)" [14].

Il testo finale della norma ha accolto alcune delle più importanti proposte avanzate dalla Campagna per il Contratto Mondiale sull'Acqua, che dopo la presentazione della *Carta dell'acqua* e dell'*Appello per l'acqua*, erano state riproposte dal CeVI anche in un'audizione presso la commissione consiliare competente:

- il riconoscimento dell'acqua come diritto umano inalienabile;
- l'orientamento prioritario verso l'affidamento del servizio secondo il modello *in house*, cioè a Spa al 100% pubbliche (il Friuli Venezia Giulia è ad oggi l'unica regione italiana ad aver inserito questa prerogativa nella propria normativa);
- la possibilità di destinare fino all'1% della tariffa al finanziamento di progetti di solidarietà internazionale sull'accesso all'acqua nei Paesi Impoveriti.

Il raggiungimento di questi risultati ha evidentemente un valore in sé, legato alla concreta possibilità di migliorare le regole che disciplinano la gestione di una bene fondamentale come l'acqua.

Esiste però un valore aggiunto di questa esperienza: la dimostrazione del fatto che una mobilitazione dal basso, il coinvolgimento dei territori e delle comunità locali, l'esercizio del *Diritto di Sognare* [15] può tradursi nella conquista, sicuramente faticosa e spesso precaria ma pur sempre conquista, di un pezzo di strada verso la costruzione di un mondo più equo, più sostenibile, più solidale.

Note

[1] *Il Mare Adriatico* di Gianni Rodari.

[2] Cfr. D. Zoletto, *Educare all'acqua per educare alla cittadinanza,* in A. Tosolini, D. Zoletto, M. Moretuzzo (a cura di), *L'acqua come cittadinanza attiva,* EMI, Bologna, 2003.

[3] Cfr. Flavia Virgilio, *Educazione allo sviluppo e approccio territoriale integrato: il ruolo delle ONGs nei processi di cambiamento,* in Aa.Vv., *Acqua bene comune dell'umanità. Educare alla cittadinanza attiva,* CeVI, Udine, 2001.

[4] Cfr. Flavia Virgilio, *op.cit.*

[5] Per una descrizione completa del percorso si veda M. Moretuzzo, *Acqua e partecipazione, fra nord e sud del mondo,* in *Acqua fonte di democrazia,* EMI, Bologna, 2004.

[6] La Carta dell'Acqua, presentata a Ferrara nel gennaio 2002.

[7] Per accedere al corso http://elearning.cevi.coop.

[8] A. Tosolini, S. Trovato, *New Media, internet e intercultura,* EMI, Bologna, 2001.

[9] Sperimentati dagli operatori del CeVI e quindi stampati, *La dura legge dell'acqua, Il gioco delle pecore, L'acqua che non c'è,* CeVI, Udine, 2003.

[10] Per approfondimenti: www.cjargne.it/acqdefin/index.htm.

[11] Cfr. D. Zoletto, *op. cit.,* pp. 107.

[12] Global Rivers Environmental Education Network – www.green.org.

[13] Per approfondire il concetto di cooperazione decentrata si veda, fra gli altri, http://piazza-dellacooperazione.oics.it.

[14] Scaricabile dal sito www.regione.fvg.it.

[15] Riccardo Petrella, *Il Diritto di sognare,* Sperling & Kupfer, Milano, 2005.

*** Direttore del CeVI.**

Le ragioni di un impegno

Alex Zanotelli*

Sono impegnato sull'acqua come prete, come missionario e come cittadino.

Come prete, perché per me il problema dell'acqua è un problema etico che potremmo riassumere così: "L'acqua è fonte di vita o fonte di lucro? L'acqua è un bene naturale, vitale e insostituibile o un bene economico da trattare come risorsa idrica e come merce?". L'acqua per me e anche per la tradizione cristiana è vita, fonte di vita.

Come missionario (che ha toccato, soprattutto a Korogocho, con mano e sentito sulla sua pelle i drammi della miseria e del degrado) perché se l'acqua diventerà fonte di lucro, questo significherà la morte di milioni di persone. Se oggi muoiono 50 milioni di persone all'anno per fame, domani, se l'acqua diventerà merce, 100 milioni moriranno di sete. Per me questi non sono numeri, sono volti, unici e irripetibili, figli dello stesso Padre.

Come cittadino, l'acqua è uno degli elementi più fondamentali per la convivenza umana. Non ci può essere democrazia senza il controllo sugli elementi fondamentali per la propria sopravvivenza.

L'acqua è uno degli elementi fondamentali per l'uomo che, almeno per il 70%, è fatto di acqua. L'acqua è fonte della vita. Non c'è vita senza acqua. È l'elemento primordiale per eccellenza. È uno dei simboli religiosi più usati da tutte le religioni mondiali. Insieme con l'aria è uno dei beni indispensabili per la vita umana. Ecco perché i cittadini rimangono meravigliati al sentir parlare del "privatizzare" l'acqua. "Ci manca che privatizzino l'aria", mi diceva in metropolitana una signora di Napoli.

Eppure la pressione a livello nazionale e internazionale per privatizzare l'acqua è enorme. L'acqua in Francia è già all'80% privatizzata, afferma Danielle Mitterrand. La regione toscana (retta dai DS) ha già privatizzato l'acqua, anche se i dirigenti politici toscani lo negano. Per me la privatizzazione dell'acque è una vera e propria bestemmia. Dobbiamo dire no a questa tendenza di morte. Significa la morte per milioni di poveri del pianeta e il salasso delle classi deboli del nord del mondo.

L'acqua è uno dei beni fondamentali per l'umanità. I dominati la chiamano oramai: l'oro blu. Senza petrolio si può vivere. Senza acqua non si può vivere. Ecco perché c'è la corsa alla privatizzazione dell'acqua. Le multinazionali dell'acqua come le francesi Ondeo (ex Suez), la Veolia (ex Vivendi), la Saur, la tedesca Rwe, la britannica Thames Waters... stanno facendo di tutto per mettere le mani su questo bene insostituibile (nove sulle dieci principali multinazionali dell'acqua sono europee e stanno facendo una pressione enorme sull'Unione Europea, sul Parlamento europeo, sulla Commissione europea perché dichiarino l'acqua una merce come sta tentando di fare la direttiva Bolkenstein, anche nella sua ultima versione "edulcorata"!). Le multinazionali, molto attente e previdenti, sanno che l'acqua è già scarsa oggi e andrà sempre più scarseggiando. Infatti solo il 3% dell'acqua che c'è al mondo è potabile. Di questa il 70% è usata dall'agricoltura industriale in mano ai ricchi del mondo. Questo significa che ben poco resta per i poveri, infatti, un 1,4 miliardo di poveri non hanno accesso all'acqua; diventeranno 2 miliardi fra vent'anni. L'acqua andrà scarseggiando perchè, stiamo pagando l'"effetto serra", il fenomeno che porta al surriscaldamento del pianeta

Ciò che tutti accettano è che ci sarà un aumento minimo di 2 centigradi entro i prossimi 15-20 anni. Gli scienziati affermano che basta 1,5 centigradi per sciogliere i vari ghiacciai e nevai. Perdendo così tante fonti idriche, le nazioni più colpite saranno Usa e Cina! Se fanno oggi le guerre per il petrolio, immaginiamo domani per l'acqua! Ecco perché le multinazionali stanno mettendo le mani sulle fonti idriche e ce la vendono come acqua minerale. Nel 2004 in Italia, le multinazionali dell'acqua minerale, in particolare la Nestlé, hanno speso 600 miliardi di lire italiane per convincere gli italiani a bere acqua minerale. Una volta fatto questo passaggio, il resto diventa evidente. Chi ha soldi potrà bere, chi non ne ha non potrà bere: è destinato a morire. La pagheranno i nostri poveri e i poveri del mondo. In Italia vuol dire l'aumento delle bollette minimo al 100% e il taglio dell'acqua se non si paga (è etico per un Comune tagliare l'acqua a una famiglia che non la può pagare?). Ma saranno soprattutto i poveri del mondo a pagarne le spese: 3 miliardi di persone che vivono sotto i due dollari al giorno!

Il problema dell'acqua è oggi centrale per il futuro dell'umanità. L'impegno per l'acqua è un impegno per la democrazia, per la civiltà, è per questo che ritengo così preziosa la vittoria sull'acqua a Napoli (nessuno si aspettava un esempio del genere da una Napoli che ha avuto una così cattiva stampa). Partendo dal basso, senza appoggi, senza finanziamenti, siamo riusciti nel giro di un anno a far abrogare la delibera del 23/11/2004 dell'Ato 2 (136 comuni di Napoli e Caserta che serve l'acqua a tre milioni di utenti) che introduceva il privato nella gestione dell'acqua.

È stato un impegno della società civile (gruppi, comunità, associazioni...) che è diventata soggetto politico in un confronto serrato con le istituzioni, (regione, provincia, comune) che ha portato alla vittoria. È una vittoria significativa proprio perché viene da Napoli, ma deve essere congiunta alla vittoria del No-Tav e a tutte le altre lotte dal basso. La speranza viene dal basso.

* **Padre comboniano.**

Le cento e più lotte molecolari

I RACCONTI DI CARTA

Anna Pizzo* e Giulietta Rak**

L'acqua muove molte piccole e grandi energie. È un bene che genera grandi appetiti, economici e politici. Ma è anche il bene di tutti per definizione e nessuno al mondo può farne a meno. L'acqua è il motivo di conflitti mai sopiti fra paesi, a volte di guerre, e il suo uso e la sua presenza condizionano i rapporti internazionali.

Negli ultimi anni, l'interesse per l'acqua è cresciuto ovunque e per i grandi gruppi economici internazionali l'acqua è diventata oggetto di interessanti profitti oltre che di posizionamenti internazionali e di mercato. D'altro canto, a difesa del diritto di accesso di tutti a questa risorsa e del suo immenso valore collettivo si sono prodotte molte diffuse resistenze, sia nazionali che locali. A livello locale l'acqua come bene comune e pubblico è stata sempre più spesso al centro della ribalta motivando l'agire di molte persone contro le sue sottrazioni e i malgoverni.

In questi anni il settimanale Carta ha portato avanti inchieste e approfondimenti sull'acqua e sostenuto e pubblicato centinaia di contributi, comunicati, iniziative, manifestazioni. Sono state così registrate le molte battaglie per l'acqua come bene comune e pubblico e contro la sua riduzione a merce, a livello locale, nazionale e internazionale. Molti gli accadimenti internazionali: dai disastri sociali e ambientali causati dalle grandi dighe, alla denuncia delle pessime logiche d'azione delle istituzioni e accordi internazionali (Wto,

G8, Banca Mondiale, Gatts, ecc.), ai grandi movimenti di denuncia e proposta elaborati dai Forum internazionali. Per l'Italia, Carta ha potuto testimoniare i diversi aspetti del tema "acqua pubblica" – lotte per la sottrazione al mercato e alle sue logiche, per il risparmio idrico o contro il dannoso sfruttamento delle acque minerali – e raccontare il movimento dei molti comitati per l'acqua nati in tutta la penisola. Rileggendo e mettendo insieme le notizie e i contributi pubblicati in questi anni è evidente la consistenza e la capillarità delle battaglie locali in Italia. Spesso portate avanti da minoranze vigili, queste lotte sono riuscite in molti casi a ottenere importanti risultati. Anche perché il mercato, numeri alla mano, ha dimostrato di non essere in grado di garantire la gestione del bene comune, né tanto meno la sua tutela.

Il ruolo dei movimenti locali è importantissimo, anche in considerazione del ruolo istituzionale e di governo del territorio e dei beni comuni che le Regioni hanno assunto con le modifiche della costituzione del 2001. Non a caso c'è stata una grande contaminazione delle battaglie a difesa dell'acqua pubblica tra le regioni, come testimonia la selezione di articoli e notizie brevi che ripubblichiamo di seguito: nel Lazio, in Toscana, in Campania ma anche nel Veneto, in Sicilia e in altre regioni. Sono frammenti di un percorso compiuto da chi è unito dalla percezione che il collettivo è meglio dell'individuale e che la competizione e il mercato non possono governare un bene comune e prezioso come l'acqua. Raccontano di una grande energia che, come quella generata dall'acqua, nasce dal movimento spontaneo e organizzato di molecole, che hanno in comune l'ostinazione a voler proteggere il diritto delle persone di avere accesso all'acqua e di vederla tutelata per questa e per le prossime generazioni.

* Giornalista ** Ricercatrice

Lotte molecolari nel Lazio

"Pubblico Privato" *[CartaQui Lazio e Roma n. 46 del 8.01.2006]*

La regione è divisa in cinque ambiti territoriali ottimali (Ato) per la gestione del servizio idrico. Ato 1 (Lazio nord-Viterbo) comprende 61 comuni, servizio idrico gestito "*in house*", cioè sotto il controllo pubblico, unico caso nella regione. Ato 2 (Lazio centrale-Roma), 94 comuni, gestione all'Acea. Ato 3 (Lazio centrale-Rieti), 81 comuni, ancora privo di una gestione unitaria. Ato 4 (Lazio meridionale-Latina), 38 comuni, gestione Acqualatina Spa, società mista, 51 per cento pubblico e 49 per cento ai privati, che hanno costituito Idrolatina SrL formata da: Enel Hydro, del gruppo Enel (46 per cento), Compagnie Generale des Eaux (40 per cento), Siba (9 per cento), Italcogim (3 per cento), Emas Ambiente (2 per cento). Ato 5 (Lazio meridionale-Frosinone), 103 comuni, gestione Acea Ato 5 Frosinone Spa (100 per cento privata), formata da Acea Spa più tre piccole società. Intanto, in tutti gli Ato sono nati comitati (raccolti nel Coordinamento acqua pubblica Lazio) e forum contro la privatizzazione dell'acqua e contro speculazioni e affari poco chiari. Esemplare il caso di Acqualatina, che applica tariffe decise sulla base di rapporti contrattuali non equi né trasparenti e contestate ovunque, da Aprilia dove Cittadinanzattiva ha minacciato un'azione legale ed è in atto la disobbedienza delle bollette, a Formia dove è nato anche il "Comitato spontaneo di lotta popolare contro Acqualatina". Intanto, la stessa Acqualatina ha accumulato un forte indebitamento che rischia di ricadere di nuovo sugli utenti. Ma per fortuna non tutti la pensano allo stesso modo e ci sono comuni, di diverso orientamento, che dichiarando "l'acqua bene comune dell'umanità, non una merce" rivendicano il fatto "che non esiste né può esistere nessun vincolo tecnico o normativo che impedisca la libera scelta degli amministratori locali" di affidare "*in house*" il servizio idrico integrato. Questo c'è scritto nell'ordine del giorno approvato di recente dal consiglio comunale di Palombara Sabina (Ato 3), governato dal centrodestra.

"Rieti" di Anna Pizzo *[Carta n. 30 del 29.08.2005]*

Il conto alla rovescia è cominciato. E non solo nel Lazio. Ma in questa regione è questione di settimane, al termine delle quali a Rieti si potrà dire addio all'acqua pubblica. Ecco perché «Non c'è acqua da perdere», dicono gli organizzatori dell'incontro – il 2, 3, e 4 settembre – «In difesa del diritto all'acqua e per i beni comuni». Non si tratta solo di una manifestazione né solo di un convegno né solo di una prolungata forma di protesta. C'è un po' di tutto questo, e molto altro, nelle iniziative previste a Paterno di Castel Sant'Angelo, in provincia di Rieti.

A prima vista, pare più qualcosa a metà tra un campeggio e un meeting come quelli che si facevano nei bei vecchi tempi del pacifismo di Comiso: persone non necessariamente del luogo e a vario titolo interessate a impedire la privatizzazione dell'acqua che, insieme, provano a dire, in diverse forme e in molti modi, perché l'acqua è patrimonio dell'umanità. Così, alle sorgenti del fiume Peschiera, per tre giorni saranno in molti a chiudere «i rubinetti alle industrie dell'acqua». Del resto, a mostrare come l'opposizione alla trasformazione dell'acqua-bene pubblico in una merce è un fatto politico assai rilevante, ci pensano il Comitato provinciale difesa acqua pubblica di Rieti e il Coordinamento acqua pubblica Lazio, che parlano del clima «di scompiglio politico e istituzionale nel quale continuare a parlare di acqua può voler dire molto, specialmente in realtà apparentemente minori come la Provincia di Rieti, dove la politica con la 'P' maiuscola non si vede da tempo».

Ecco perché si è promossa la petizione popolare in difesa dell'acquedotto, che è lanciata da poco tempo e che ha già raccolto 5.000 firme. Però, sottolineano i comitati, «affinché le lotte per una gestione pubblica del ciclo idrico, reatino e non solo, risultino efficaci, siamo convinti che le battaglie debbano assumere un respiro regionale oltre che nazionale e internazionale. Crediamo che il segnale positivo che viene dalla Puglia [dove il fondatore del Contratto mondiale dell'acqua, Riccardo Petrella, è presidente dell'acquedotto, ndr.], dall'Abruzzo e dalla Toscana [ma anche da Napoli, dalla Bolivia, ecc.] debba essere di incoraggiamento per tutti noi e che, se vogliamo veramente vincere la nostra battaglia, sarà indispensabile far vivere questa rete di movimenti su uno spirito di solidarietà tra territori», così si legge in un testo messo a punto per la tre giorni. Nella quale, proseguono gli organizzatori, «ci piacerebbe riunire quante più possibili esperienze di lotta che, in questi anni in Italia, hanno cercato di affermare il principio del controllo democratico delle popolazioni locali sulle risorse idriche.

In un luogo eletto a simbolo dalle nostre comunità locali e che per qualche giorno proponiamo a tutti come il simbolo di una battaglia comune, vorremmo dare il nostro contributo a che i servizi idrici [come altri servizi pubblici] vengano salvaguardati dalle privatizzazioni previste dalle trattative Gatts della Wto». Quest'anno di fatto si gioca una bella fetta della partita sull'acqua anche in Italia: a Rieti come a Napoli e Firenze, e già sono attive reti per ripubblicizzare il servizio a Latina, come ad Arezzo e a Roma. «Per arrestare la spinta liberista che gli azionisti delle multiutility come Acea stanno portando avanti – dicono dal Comitato reatino – abbiamo bisogno di dare rapidamente concretezza alle nostre scelte consapevoli e radicali emerse al Meeting Antirazzista di Cecina, preparandoci così al meglio per il Forum nazionale alternativo sull'acqua del 2006». Qualche dato per chiarire le idee: nella provincia di Rieti l'acqua viene estratta da una miriade di sorgenti [esauribili], per lo più da soggetti pubblici, cioè comuni o consorzi. In alcuni casi, a gestire le acque sotterranee del territorio reatino sono soggetti privati. Tra questi c'è una Spa il cui 51 per cento è detenuto dal comune di Rieti e il restante da Acea Spa che, in questi giorni, ha acquistato dal gruppo Bouygues la Sigesa, società che gestiva i servizi idrici in alcune aree del centro Italia [tra cui Rieti, Lucca, Perugia e Benevento]. A Roma, l'acqua per più dei due terzi è di qualità perché proviene, fin dal 1926, da Rieti e più precisamente dalle sorgenti del Peschiera-Le Capore [il più grande bacino carsico d'Europa]. Fatti due conti, è piuttosto evidente che la privatizzazione dell'acqua a Rieti è un affare colossale e che i comitati che si sono organizzati per vigilare sul destino dell'acqua pubblica avranno il loro daffare. La tre giorni alle sorgenti del Peschiera è un primo appuntamento cui seguiranno, nei mesi prossimi, altre iniziative. E non solo nel Lazio.

"Acea all'asciutto a Rieti" di Anna Pacilli *[CartaQui Lazio e Roma n. 37 del 17.10.2005]*

Il 5 ottobre al Tribunale delle acque, a Roma, si è tenuta l'udienza sul ricorso presentato dalla Provincia di Rieti contro Acea per la concessione delle sorgenti del Peschiera (Rieti), conclusa con un provvidenziale rinvio al 6 marzo 2006.

"Se l'udienza si fosse chiusa con l'accordo trovato di recente tra gli avvocati dell'Acea e quelli della Provincia di Rieti – dice Pablo De Paola del Comitato difesa acqua pubblica Ato 3 –, sarebbe rimasta in vigore una concessione illegittima e con grandi profitti per l'Acea. Alla nostra provincia sarebbero andati 6 milioni di euro annui, briciole a fronte del ricavo stimato per Acea di 290 milioni di euro". La sentenza premia il lavoro del Comitato, che insieme al Coordinamento acqua pubblica Lazio ha organizzato a settembre un campeggio sul Peschiera contro tutte le privatizzazioni, per richiamare l'attenzione su questa vicenda e sollecitare Regione e Comune di Roma a intervenire. L'allarme è confermato da un altro fatto emerso proprio in questi giorni: il Comune di Cittaducale (Rieti) ha venduto all'Acea Spa per 0,87 euro al metro quadrato il terreno che include le sorgenti del Peschiera. Lo ha scoperto CoDiCi (Centro per i diritti del cittadino), che con un esposto alla Regione Lazio e al Commissario per gli Usi civici ha subito chiesto l'annullamento dell'atto di vendita: si tratterebbe di terreni demaniali a uso civico, e dunque indisponibili. Per ora c'è un'interrogazione presentata da Patrizia Sentinelli (Prc) alla giunta capitolina.

La storia parte da lontano. Nel 1926, il governo nazionale dell'epoca decise di destinare le sorgenti del Peschiera-Le Capore (il più grande bacino carsico d'Europa, ricadente nei comuni di Cittaducale, Casaprota, Frasso Sabino) "pressoché totalmente all'approvvigionamento di Roma, ponendo il territorio provinciale di Rieti e gli enti locali in una situazione di totale sudditanza rispetto alle decisioni che, in materia di destinazione dell'acqua, vengono assunte altrove", si legge nel dossier preparato dal Comitato reatino. Poi, nel 1937 la gestione passò all'azienda governatoriale Agea, diventata Acea nel 1945, trasformata nel 1992 in azienda speciale e nel 1998 in Spa (51 per cento Comune di Roma, il resto privati) quotata in borsa.

E proprio dalle vicende del ventennio ha preso le mosse il ricorso della Provincia di Rieti. La tesi è la seguente: secondo la norma, a due anni dalla scadenza della concessione al Comune di Roma (dopo 70 anni), lo stesso Comune avrebbe potuto rinnovarla. A presentare la domanda di rinnovo della concessione è stata invece l'Acea, soggetto non legittimato in quanto Spa mista e non più interamente pubblica; in più, la domanda dell'Acea è arrivata con un anno di ritardo dalla scadenza dei termini. Di conseguenza, sostiene la Provincia di Rieti, la concessione non poteva essere rinnovata in favore dell'Acea, con trasferimento allo Stato delle opere di derivazione e adduzione. "L'accordo fra le parti è storia più recente – dice ancora Pablo del Comitato difesa acqua pubblica Ato3 –. Fortunatamente, il rinvio dell'udienza dà tempo per cercare soluzioni diverse con la Regione e arrivare, magari, a una concessione cointestata Ato 3 e Ato 2", cioè gli Ambiti territoriali ottimali dei servizi idrici rispettivamente di Rieti e di Roma.

"Rieti reclama il pubblico" di Pablo De Paola del Comitato difesa acqua pubblica Ato 3 *[CartaQui Lazio e Roma n. 46 del 8.01.2006]*

Prende sempre più forza la strategia del Comitato difesa acqua pubblica Rieti-Sabina romana riguardo alla gestione del servizio idrico dell'Ato 3 laziale e alla soluzione del nodo legato all'interferenza con l'Ato 2 di Roma. Si punta alla co-concessione o concessione delle sorgenti Peschiera-Capore alla Provincia di Rieti e a una società di gestione interamente pubblica per il territorio dell'Ato 3. Incentrata su queste richieste, è stata depositata a novembre in Regione una mozione che ha incontrato il consenso di una larga parte del centro-sinistra. L'hanno infatti sottoscritta Verdi, Rifondazione comunista, Italia dei valori, Udeur, Comunisti italiani e il Gruppo misto. Dopo anni di risultati tragici da parte delle gestioni dei servizi semiprivate, la Regione Lazio sembra voler dare un forte segnale su Rieti, l'unico Ato non ancora avviato e che può essere sottratto, come sta avvenendo a Viterbo, al processo di privatizzazione purtroppo già realtà negli altri territori.

Essere titolari, o contitolari insieme al comune di Roma, delle concessioni delle sorgenti Peschiera-Capore vorrebbe dire poter finalmente gestire e tutelare un nostro straordinario patrimonio naturale fino a ora regalato a Roma (80 miliardi di vecchie lire l'anno nelle casse del Campidoglio in forza del suo 51 per cento del pacchetto azionario di Acea) e da circa otto anni anche ai privati. È ovvio che l'ipotesi di intervenire nella gestione del Peschiera-Capore non poteva non mettere in fermento gli ambienti della multiutility romana. Sembra che lo stesso sindaco di Roma Veltroni non vedrebbe proprio di buon occhio nemmeno una cogestione delle sorgenti. Ci auguriamo invece che alla fine prevalga il buon senso e che si arrivi a un segnale di apertura verso le comunità minori. Intanto sono state rese note le tariffe medie nei vari Ato del Lazio nell'arco di un ventennio. È sconcertante. Nell'Ato della provincia di Rieti, la più ricca di acque non solo del Lazio ma d'Europa, le tariffe per i cittadini sono le più alte, quasi doppie rispetto a quelle di Roma che, ironia della sorte, utilizza l'acqua proveniente proprio da Rieti.

"Viterbo sta con Talete" di Giancarlo Torricelli del Forum acqua pubblica di Viterbo *[CartaQui Lazio e Roma n. 46 del 8.01.2006]*

Da poco più di un anno la Tuscia viterbese vive un'esperienza significativa di gestione pubblica dell'acqua, nata sulla spinta di una diffusa mobilitazione popolare contro il tentativo promosso nel 2002 dalla conferenza dei sindaci dell'Ambito territoriale ottimale Lazio nord-Viterbo di privatizzazione delle risorse idriche. Nel 2004 la Talete Spa, società interamente pubblica, partecipata dalla Provincia di Viterbo, dai Comuni e dalle realtà gestionali pubbliche preesistenti (Robur, Siit, Cobalb), ha ottenuto l'affidamento "*in house*", uno dei primi in Italia.

Dunque, tutto bene? Non proprio. Innanzitutto, permangono resistenze in pezzi significativi del sistema politico locale che, in maniera assolutamente "trasversale", hanno tentato a più riprese di utilizzare difficoltà contingenti e rivendicazioni localistiche per far saltare il processo avviato. Ma quel che più preoccupa in questa fase è la difficoltà da parte del gestore pubblico di reperire le risorse necessarie agli investimenti del Piano d'ambito, ormai in fase di definizione, per realizzare i depuratori nei comuni che ne sono sprovvisti, per abbattere la presenza di arsenico nelle falde tufacee, ecc. Questi investimenti, dicono i sostenitori della privatizzazione, sono semplicemente impensabili senza l'afflusso di ingenti capitali privati in tempi di tagli agli enti locali; ovviamente si tace il non trascurabile "dettaglio" che i privati si limiterebbero a "spalmare" sulle tariffe i costi di investimento! È dunque necessario innanzitutto attivare, come chiedono il movimento e i comuni, un canale straordinario di finanziamento del Piano d'ambito viterbese che riconosca e valorizzi la scelta della gestione pubblica. Senza dimenticare i tanti lavoratori coinvolti (i "fontanari"), che vivono una situazione di incertezza e precarietà. Non si ferma intanto la mobilitazione e la paziente costruzione di incontri e discussioni capillari con le comunità locali animate dal Forum dell'acqua pubblica e da comitati popolari.

"Idrofrosinone" *[CartaQui Lazio e Roma n. 38 del 24.10.2005]*

È nato in questi giorni un altro coordinamento provinciale «Acqua bene comune». Il lieto evento a Frosinone, presso la federazione dei Verdi. Il comitato promotore raccoglie molte realtà territoriali: Attac Italia, Centro dei diritti-Arci Cassino, Federconsumatori provinciale, Federazione provinciale dei Verdi, Liberamente-associazione di Veroli, Prc-Circolo di Frosinone, PdCI circolo di Roccasecca, Terre Madri onlus, Verdi-Frosinone e Wwf sezione provinciale. Ma il neo-coordinamento invita le altre associazioni, organizzazioni, comitati e i singoli cittadini ad aderire.

L'obiettivo, anche a Frosinone, è di portare all'attenzione di tutti il tema dell'acqua come bene comune e di organizzare forme di partecipazione della comunità locale. Ridurre gli sprechi e le dispersioni e assicurare il diritto al godimento di un acqua salubre per tutti, in primo luogo per chi è maggiormente in difficoltà, sono le azioni in cantiere, definendo magari un nuovo sistema tariffario che parta dall'individuazione di una quota minima vitale da assicurare gratuitamente a tutti. Severo Lutrario di Attac Italia è stato incaricato di curare la costituzione del Coordinamento.

"Latina. Aumenti di tariffe, debiti, tagli alle agevolazioni, servizio insoddisfacente: è la gestione dell'acqua affidata ai privati. I cittadini si organizzano" di Anna Pacilli *[Carta n. 5 del 6.02.2006]*

A Latina, sabato 28 gennaio, sono almeno in tremila a manifestare dietro lo striscione "L'acqua è un diritto, non una merce". Concentramento vicino allo stadio, comizio conclusivo nella immancabile piazza del Popolo, con il palco allestito davanti a un colonnato mussoliniano a ricordare chi ha fondato la città. Un successo per un'iniziativa locale contro la gestione del servizio idrico da parte di Acqualatina spa nell'Ato 4 (ambito territoriale ottimale), per di più in una giornata piovosa e in una città che manifesta di rado. A promuoverla il comitato provinciale contro Acqualatina che, animato dai comitati locali per l'acqua pubblica del Lazio, ha raccolto adesioni vastissime a partire dai comuni di Bassiano, Formia, Sermoneta, Amaseno, Giuliano di Roma, Villa Santo Stefano, e poi Cgil, Cisl e Uil provinciali, Legambiente, Arci, tutti i partiti del centrosinistra, associazioni dei consumatori e molti altri. In piazza tanti giovani, cittadini esasperati, pensionati sotto le bandiere del loro sindacato, biciclette e risciò, striscioni e palloncini colorati, stendardi dei comuni.

L'Ato 4 Lazio meridionale-Latina ha affidato la gestione del servizio idrico integrato alla società mista Acqualatina spa (al 51 per cento di proprietà pubblica e per il 49 per cento in mano ai privati di Idrolatina Srl), costituita a luglio 2002 e retta da un consiglio di amministrazione di undici membri, sette espressione della parte pubblica, che elegge il presidente, e quattro dei privati, cui spetta l'amministratore delegato oltre che il vicepresidente. E da qui possiamo partire per elencare le contestazioni mosse alla gestione di Acqualatina. Il consiglio di amministrazione è scaduto da luglio scorso ma non viene rinnovato perché la parte pubblica, cioè i comuni (in maggioranza di centro-destra), non riesce ad accordarsi sulle nomine. Le decisioni sono assunte di fatto dal presidente (pubblico), dal suo vice e dall'amministratore delegato (entrambi privati), senza darne conto ai soci di parte pubblica. "Abbiamo in corso diverse cause contro Acqualatina Spa, non ultima quella per vedere riconosciuto il diritto di accesso agli atti della società, finora negato – denuncia Sandro Bartolomeo, sindaco Ds di Formia, comune dell'Ato 4 socio di Acqualatina Spa – Una gestione inaccettabile sotto il profilo politico e amministrativo".

Una gestione così fallimentare e poco trasparente da accendere gli animi in tutto il territorio dell'Ato, a tutti i livelli, come dimostra la sfilza di contestazioni snocciolate da Alberto De Monaco, che dal palco apre gli interventi a nome dei comitati promotori della manifestazione. Viene imputato ad Acqualatina di vessare i cittadini con aumenti astronomici delle bollette, di aver tagliato le agevolazioni in favore delle fasce meno abbienti, di non aver fatto gli investimenti necessari e, nonostante tutto ciò, di avere accumulato in soli tre anni debiti per oltre 16 milioni di euro, che ora chiede alla Provincia di Latina di ripianare. Allo stesso tempo, Acqualatina non ha garantito agli utenti (che la società preferisce chiamare clienti) un servizio neppure lontanamente soddisfacente. In più, non convincono per niente le procedure di affidamento dei servizi che, senza gara, Acqualatina Spa assegna a società vicine o collegate con l'alibi dell'affidamento "*in house*".

"Ora gli utenti dell'Ato 4, che come altri Ato in Italia stanno sperimentando la privatizzazione dell'acqua, dopo aver fatto assemblee, denunce, lettere e "disobbedienza" rifiutandosi di pagare le ingiustificate bollette, vogliono andare oltre per chiedere la ri-pubblicizzazione della gestione dei servizi idrici" dice Fabrizio Consalvi del comitato cittadino difesa acqua pubblica di Aprilia (Latina). Concordano con questo ulteriore passo avanti i comuni intervenuti alla manifestazione, sindacati, associazioni e comitati, Rifondazione, Verdi e Comunisti italiani locali e regionali. Non Margherita e Ds. Assente l'Italia dei Valori: sarà perché Paride Martella, presidente di Acqualatina Spa, e fino all'anno scorso presidente Udc della Provincia di Latina per il centro destra, è ora con Di Pietro? www.acquapubblicalazio.org.

"Forum italiano dei movimenti per l'acqua: a marzo l'incontro a Roma"
di Gianluca Carmosino *[Carta, Notizie in movimento del 12.01.2006]*

Un appuntamento importante: il 10-11-12 marzo a Roma, quando il Forum italiano dei movimenti per l'acqua si riunirà per continuare il tavolo di discussione, avviato il luglio scorso a Cecina, contro la mercificazione dell'acqua e per un governo pubblico e partecipato del ciclo idrico. Il Forum rappresenta un importante momento per lanciare lotte e iniziative di impatto sull' agenda politica del paese. Una legge che promuova la ri-pubblicizzazione dell'acqua, la costituzione di un Osservatorio Nazionale permanente sull'acqua e la collaborazione con gli Enti locali stessi sono tra i primi obbiettivi che il Forum si propone.

Lotte molecolari in Toscana

"Tutto privato ad Arezzo. E il Forum sociale indaga" da un dossier del Forum sociale di Arezzo *[Carta Almanacco n. 10 del 20.03.2003]*

Vi proponiamo il racconto di una "presa di possesso" della questione dell'acqua da parte di cittadini e movimenti sociali in una città del centro Italia. Si tratta di una ricerca del Forum sociale di Arezzo: un dossier molto serio e documentato, che spiega passo dopo passo i problemi della gestione dell'acqua in Toscana e in particolare ad Arezzo, su cui il Forum ha anche organizzato una "giornata tematica", un domenica in cui chiunque, compresi i bambini ai quali sono stati offerti giochi didattici, ha potuto capire che cosa era successo al suo acquedotto. Il dossier si intitola "Un'altra acqua è possibile. Più partecipazione, maggiore conoscenza, diversa gestione", ed è frutto di un lavoro durato diversi mesi. Nella premessa, si spiega che "la domanda di fondo alla quale il gruppo ha cercato di dare una risposta è sostanzialmente questa: esiste la possibilità di gestire la risorsa idrica con modalità diverse e migliori di quelle attuali? È possibile, per esempio, attivare pratiche democratiche e partecipate nella gestione? E possibile avere una struttura tariffaria più equa ed in linea con il principio che l'acqua non è una merce ma un diritto? Ed ancora, è possibile resistere ed opporsi ai processi di privatizzazione e di invertire la tendenza?". Ecco le loro risposte.

La regione Toscana. La legge Galli [numero 36 del 5 gennaio 1994], che tra l'altro sancisce solennemente che "tutte le acque superficiali e sotterranee, ancorché non estratte dal sottosuolo, sono pubbliche e costituiscono una risorsa che è salvaguardata ed utilizzata secondo criteri di solidarietà", si basa sull'organizzazione territoriale del Servizio idrico integrato, e cioè sull'integrazione tra il servizio degli acquedotti e i servizi di fognatura e depurazione; la legge indica che i servizi idrici devono essere organizzati in base ai cosiddetti Ambiti territoriali ottimali [Ato], come spiega in queste pagine l'articolo di Stefano Lenzi, del Wwf.

Le Regioni, secondo la legge, devono delimitare questi ambiti territoriali; la Regione Toscana ha adempiuto a questo dovere nel '95, con la legge regionale del 21 luglio. Ha suddiviso i comuni toscani in sei Autorità di ambito territoriale ottimale [Ato]. In sintesi, ogni Ato deve: programmare l'organizzazione del servizio idrico integrato; definire il programma degli investimenti necessari per rendere efficienti gli impianti; scegliere la forma di gestione del servizio idrico ed affidarlo ad un unico "soggetto gestore" per ognuno degli Ato; garantire l'interesse degli utenti. La legge regionale toscana ha poi deciso che la cooperazione tra gli enti locali debba avvenire attraverso un consorzio.

Questa legge regionale – dice il dossier aretino – ha mostrato, rispetto ad altre regioni italiane, dei limiti e degli errori, probabilmente dovuti al fatto che la Toscana è stata la prima a legiferare, cosa che, a suo tempo, venne considerata molto positiva. Per esempio, solo la Campania e la Toscana, in tutta Italia, hanno individuato ambiti territoriali diversi dai confini effettivi delle province o delle Regioni; oppure, la scelta del consorzio come forma obbligatoria di associazione tra gli enti locali è una camicia stretta: in altre regioni è prevista la convenzione, oppure si è lasciata libertà di scelta agli enti locali. Semplificando, le scelte della Regione Toscana hanno impedito ogni flessibilità della gestione del sistema e hanno avuto gravi conseguenze sull'organizzazione degli Ato; in molte regioni italiane i compiti degli Ato sono svolti da semplici segreterie tecniche, interni alle province o regionali, che poi legano i comuni con normali convenzioni. In Toscana, invece, ogni Ato è un vero e proprio ente con una sua sede, un suo consiglio di amministrazione, il suo personale: le conseguenze di questa organizzazione "pesante" ricadono sull'efficienza del sistema, e soprattutto sulle tasche degli utenti, perché tutto questo personale in più costa, e il costo ricade sulle tariffe. Inoltre, questa disorganizzazione è un perfetto alibi per affidare la gestione del servizio idrico ad un soggetto privato.

Il caso di Arezzo. L'Autorità di Ambito territoriale ottimale numero 4 dell'Alto Valdarno ha sede ad Arezzo, ed è stata costituita nel 1996. Comprende trentasette comuni sparsi in maniera diseguale tra la provincia di Arezzo [trentadue] e quella di Siena [cinque]. Organo decisionale è l'assemblea dei sindaci. Dopo una lunga fase di confronto, anche molto duro, e di discussione, i sindaci scelgono il 17 luglio del 1997 di affidare la gestione del servizio idrico integrato ad una società per azioni a prevalente capitale pubblico, la Nuove acque Spa; il 25 settembre 1998, i sindaci decidono di disciplinare la gara per la selezione del socio privato. Alla selezione partecipano tre raggruppamenti di imprese, con capogruppo, rispettivamente, le multinazionali francesi Vivendi e Suez Lyonnaise des eaux e Acea Spa, che è una società mista pubblico-privato che gestisce anche l'acquedotto di Roma. Il 21 ottobre del '98 viene nominata una commissione di esperti [presidente Angelo Riccaboni, ne fanno parte Giovanni Abbate, Girolamo Beone, Remo Chiarini e Diego Zurli], che decide di avvalersi della consulenza della Arthur Andersen Mba; il 14 gennaio 1999, la Commissione redige la graduatoria dei concorrenti e quello che ha più punti [83] è la Lyonnaise des eaux, mentre Vivendi ne ha ottenuti 59 e Acea 43.

Il raggruppamento privato della Nuove acque Spa possiede il 46 per cento delle azioni: oltre alla Lyonnaise des eaux c'è Amga Spa [che gestisce anche il servizio di distribuzione del gas metano a Genova], Iride Spa [che nasce dalle associazioni degli artigiani di Arezzo, Confartigianato e Cna], la Banca popolare dell'Etruria, il Monte dei Paschi di Siena. Il 54 per cento che rimane pubblico, invece, vede la partecipazione dei comuni, di Coingas [il consorzio pubblico che distribuisce il gas metano ad Arezzo], Cigaf [che gestisce il servizio idrico nel senese], la società che distribuisce il gas metano nel Senese [gestioni Valdichiana Spa] e le comunità montane del Casentino, della Val Tiberina e della provincia di Arezzo.

I rapporti di Nuove acque Spa e i comuni dell'Aato dell'Alto Valdarno sono regolati da una convenzione di affidamento: la durata della concessione alla Nuove acque Spa è di 25 anni, durante i quali le vengono affidati tutti gli impianti, che torneranno agli enti locali allo scadere dell'accordo. Le regole che definiscono i rapporti tra la parte privata e la parte pubblica della Nuove acque sono definiti nello Statuto della società: il quale, per esempio, prescrive che la composizione del Consiglio di amministrazione della società debba essere tale da assicurare quattro membri al Consorzio privato [che si chiama Intesa aretina] e cinque alla parte pubblica [articolo 1]; ma dice anche che la scelta dell'amministratore delegato compete alla parte privata [articolo 3].

Se andiamo a vedere il programma del consorzio costituito dalla parte privata della Nuove acque, leggiamo tra l'altro: "Il consorzio si propone di prestare servizi e fornire beni alla società mista [Nuove acque Spa], sia direttamente che indirettamente, in ogni modo legittimo che sarà possibile; al riguardo il consorzio favorirà l'apporto dei consorziati nella fornitura di prestazioni, servizi e lavori alla società mista, in funzione delle specifiche competenze e professionalità dei singoli consorziati [...]. In particolare Sle [Suez Lyonnaise des eaux] ed Amga forniranno, tramite il consorzio, le prestazioni di servizi accessori all'oggetto sociale della società mista [...]; saranno inoltre favorite le prestazioni di servizi e lavori legate all'attività artigianale, che saranno fornite da Iride tramite strutture locali da essa costituite; inoltre saranno favoriti i servizi di carattere bancario e finanziario che saranno forniti da Banca popolare dell'Etruria e da Monte dei Paschi di Siena". Senza usare l'immaginazione, e limitandoci a leggere gli atti ufficiali, è ovvio che la Nuove acque Spa è orientata soprattutto a garantire gli interessi dei singoli soggetti privati, e solo in via subordinata gli interessi della società nella sua totalità; l'interesse della collettività non è neanche preso in considerazione.

Il bilancio di quattro anni. L'esperienza di quattro anni di questa gestione permette di fare un bilancio e delle valutazioni critiche. L'aumento delle tariffe, in quattro anni, è stato pari a circa il 21 per cento, e la quota fissa nello stesso periodo è aumentata del 12 per cento. Questo aumento è causato essenzialmente da tre fattori: le remunerazioni dei soggetti privati, i costi di mantenimento della struttura dell'Aato, i canoni a favore dei comuni, che sono molto più alti del valore effettivo degli impianti conferiti. Per quello che riguarda l'applicazione della legge Galli, nell'Aato di Arezzo non è stato rispettata l'indicazione secondo cui "nella modulazione della tariffa sono assicurate agevolazioni per i consumi domestici essenziali nonché per i consumi di determinate categorie secondo prefissati scaglioni di reddito": nell'Aato 4 il parametro "reddito", nel determinare le tariffe, è semplicemente ignorato.

Per quanto riguarda gli investimenti, il risultato della Nuove acque è assolutamente insoddisfacente; lo stesso Consiglio di amministrazione ha ammesso che il livello degli investimenti del 2002 è stato "molto al di sotto di quanto previsto e di quanto era necessario". Non è poi comprensibile perché, dal punto di vista dell'economicità della gestione, la Nuove acque non utilizzi i finanziamenti della Cassa depositi e prestiti, che normalmente concede mutui agli enti locali e offre condizioni senz'altro migliori rispetto al Monte dei Paschi di Siena e alla Banca popolare Etruria. La forma stessa della società per azioni, sostiene il dossier, non è adatta alla gestione dell'acqua: la finalità di lucro non è compatibile con l'amministrazione di un diritto. Ed è evidente la contraddizione fra l'esigenza di una società di vendere il maggior numero possibile di metri cubi di acqua e l'esigenza della collettività di tutelare, preservare, risparmiare l'acqua.

L'organizzazione della Nuove acque, tra l'altro, prevede tre consigli di amministrazione differenti [quello della società, quello del consorzio dei soggetti privati Intesa aretina, quello dell'Aato 4] con trenta membri complessivi, per un costo annuo di centinaia di migliaia di euro, costi che ricadono, direttamente e indirettamente, sulle bollette. Il soggetto privato, pur essendo in minoranza, ha nella società di gestione tutti i poteri di ordinaria e straordinaria amministrazione, perché ha il diritto di nominare l'amministratore delegato; il potere della parte pubblica di Nuove acque, nei confronti di quella privata, è molto modesto.

La tesi per cui, per garantire un servizio di qualità, siano necessari particolari competenze ottenibili solo da soggetti privati, è stata ribadita più volte per giustificare quanto accadeva ad Arezzo. Ma il [presunto] "know how" della Lyonnaise des eaux non viene apportato come "bagaglio" della Nuove acque, ma pagato a parte con un esborso di circa un milione di euro l'anno. E allora, non si capisce come mai non affidarsi al libero mercato, invece di legarsi per 25 anni a un unico soggetto, per lo più pagandolo a caro prezzo ogni volta. La rinuncia all'acquisizione di un "sapere pubblico" sulla gestione dell'acqua è strategica, e determina la sempre maggiore dipendenza dagli industriali privati. La partecipazione dei cittadini non è contemplata affatto, e d'altronde non lo è stata neanche in passato: è probabile che, proprio a causa di questa assenza, siano stati commessi molti "errori".

L'abbandono di questo modello di gestione, oneroso e dispersivo, e il ritorno ad una gestione esclusivamente pubblica, significherebbe una diminuzione delle bollette e permetterebbe di garantire poi quattro punti fondamentali, definiti dal Forum sociale di Arezzo: l'accesso a quaranta litri di acqua al giorno, per persona, come diritto inalienabile fuori da ogni logica di mercato; il rispetto del parametro del reddito; il costo a metro cubo pro capite dovrebbe essere lo stesso per tutte le famiglie a prescindere dal numero dei componenti; il forte disincentivo all'abuso dell'acqua.

"Acqua, i «Consigli dei cittadini»" di Alessandro Santoro (prete alle Piagge – Firenze) *[Carta, Notizie in movimento del 18.02.2005]*

Sono d'accordo con Riccardo Petrella, il ciclo delle acque della Toscana deve essere completamente pubblico, non è possibile consentire la gestione di un bene così prezioso e fondamentale per la vita dell'umanità intera al libero mercato e alle società per azioni. A Firenze abbiamo Publiacqua Spa, per questo, nel nostro piccolo alle Piagge, la Comunità di base si impegnerà nel raccogliere le firme per la proposta di legge popolare regionale per ripubblicizzare l'acqua dei nostri territori.

Purtroppo la presa di coscienza e l'accettazione da parte degli amministratori della partecipazione e del coinvolgimento dei cittadini al governo dell'acqua, è un cammino ancora tutto in salita; sarebbe auspicabile ad esempio che il Comune di Firenze, proponesse a livello degli Ato, la costituzione dei "Consigli dei cittadini", con potere vincolante sulle decisioni del governo del ciclo delle acque, come propone il "Manifesto italiano per un governo pubblico dell'acqua".

D'altra parte nel mondo ci sono numerose esperienze di partecipazione dal basso dei cittadini su questo tema. Agenzia 21, per esempio, ha attivato percorsi significativi di sensibilizzazione all'acqua nel mondo della scuola, degli utenti e degli amministratori, e facilitato iniziative concrete quali la riduzione dei consumi e la gestione sostenibile del territorio. Ma anche esperienze come quelle del bilancio partecipativo e del Nuovo Municipio costituiscono, dal canto loro, strumenti forti e necessari di sperimentazione di forme più ricche di discussione, "consultazione" e coinvolgimento dei cittadini.

"Arezzo, comitato per la ri-pubblicizzazione dell'acqua" *[Carta, Notizie in movimento del 17.03.2005]*

Questa mattina presso il palazzo comunale di Arezzo si è svolta la conferenza stampa di presentazione della legge di iniziativa popolare regionale per la ri-pubblicizzazione del servizio idrico. Qui di seguito la sintesi della conferenza stampa del comitato promotore di cui fanno parte Arci, Legambiente, Forum Sociali di Arezzo e delle vallate aretine, Federconsumatori, Rifondazione Comunista, Verdi, Città Aperta, Aprile per la Sinistra. Si è costituito il Comitato aretino per la raccolta delle firme sulla proposta di legge di iniziativa popolare concernente "La ri-pubblicizzazione del servizio idrico integrato della Regione Toscana".

Ne fanno parte Arci, Legambiente, Federconsumatori, Forum sociale di Arezzo e delle vallate aretine che sono, assieme a tante altre associazioni toscane e non (Mani Tese, Rete Lilliput, Emergency, Coordinamento toscano Botteghe del Mondo, Centro Nuovo Modello di Sviluppo, Fondazione Ernesto Calducci), promotori della proposta di legge; al comitato aretino per la raccolta delle firme aderiscono anche Rifondazione Comunista, Verdi, Città Aperta, Aprile per la Sinistra.

La proposta di legge parte dalla considerazione che l'acqua è una risorsa fondamentale per la vita, una risorsa esauribile rispetto alla quale deve essere garantita la solidarietà generazionale ed intergenerazionale per tutti gli abitanti della terra. L'acqua non è una merce, pertanto proprietà e gestione dell'acqua devono essere pubbliche. La presentazione del testo di legge di iniziativa popolare per la ri-pubblicizzazione del servizio idrico integrato rappresenta, appunto, la prima tappa di questo cammino.

In particolare la proposta prevede:

1) Tariffe: l'accesso all'acqua è un diritto inalienabile ed imprescrittibile; per questo viene proposta la riformulazione della tariffa: gratuità di 40 litri giornalieri a persona in quanto consumo minimo vitale; tariffa ordinaria da 40 a 100 litri giornalieri a persona, consumo necessario; oltre questa soglia tariffe che penalizzano i consumi ritenuti eccessivi.
2) Tutela della risorsa idrica: si prevede il dimezzamento dei prelievi di acqua dolce per usi non potabili entro il 2015.
3) Gestione pubblica: si propone la decadenza degli affidamenti delle forme gestionali miste o private alla data del 1° agosto 2008 e la ri-pubblicizzazione del servizio; i lavoratori dipendenti delle attuali società miste saranno riassorbiti nel nuovo soggetto pubblico.
4) Democrazia e gestione partecipativa: si chiede il mandato vincolante al Sindaco dei Consigli comunali sulle principali questioni e vengono introdotte, ed è forse l'aspetto più innovativo della legge, le consulte di cittadini e lavoratori per ogni Ato. I poteri della consulta del diritto all'acqua sono assicurati tramite l'obbligo di parere preventivo su tutte le più importanti proposte e/o deliberazioni dei Consigli Comunali.

Nel contesto aretino la legge di iniziativa popolare assume una chiara proposta alternativa di gestione del servizio idrico rispetto all'attuale modello di gestione privatizzata che negli ultimi sei anni ha dimostrato fino in fondo le sue negatività per tutta la collettività.

In particolare facciamo riferimento:

a) al fatto che ad Arezzo vi sono le tariffe più alte d'Italia, che peraltro sono state aumentate negli ultimi anni in modo oltre che gravoso anche illegittimo (il limite della legge prevede il 6,5% ed invece nel 2004 sono aumentate del 7,5%);
b) al fatto che le promesse di investimenti nel servizio non vengono né quantitativamente né qualitativamente mantenute;
c) alla graduale ma inesorabile perdita del controllo pubblico sulla gestione del servizio idrico che con la proposta di project financing diventa assoluta e definitiva;
d) all'abbandono da parte di Nuove Acque di importanti impianti di depurazione dell'acqua (consegnati a questa società in perfetto stato di funzionamento), cosa che ha ridotto drasticamente le fonti alternative di prelievo idrico.

Il Comitato aretino per la ri-pubblicizzazione del servizio idrico rivolge inoltre un ulteriore appello a tutte le forze politiche e a tutti i livelli istituzionali della provincia di Arezzo affinchè venga rivalutata attentamente e approfonditamente tutta l'operazione del project financing; essa se portata a compimento potrebbe determinare per generazioni la cancellazione del diritto dei cittadini di poter liberamente decidere sulla gestione del bene comune più importante per la collettività: l'acqua.

"Firenze. L'acqua è una merce" *[Carta, Notizie in movimento del 23.09.2005]*

La corporation Acea Spa è entrata in Publiacqua, l'ente che gestisce l'acqua nelle province di Firenze, Prato, Pistoia, Arezzo. Per 60 milioni di euro i cinquanta comuni che ne fanno parte "hanno tramutato l'acqua, bene comune, in una merce", come ha dichiarato Ornella De Zordo, consigliera comunale a Firenze eletta con la lista "Un'altra città un altro mondo". Che aggiunge: "I cinquanta sindaci hanno così tradito centinaia di migliaia di cittadini toscani che vedranno aumentarsi le tariffe dell'acqua; la società civile e i movimenti dei nostri territori, che hanno raccolto oltre 40 mila firme per la ri-pubblicizzazione dell'acqua e chiesto di conseguenza una moratoria per l'accesso di Acea in Publiacqua; le centinaia di migliaia di persone del sud del mondo che subiscono l'arroganza delle corporations, che approfittando della privatizzazione dei servizi essenziali locali, depauperano i territori delle loro risorse e gravano gli utenti di aumenti delle tariffe non programmati né pattuiti. Leonardo Domenici, l'assessore Paolo Coggiola, il presidente di Publiacqua Amos Cecchi, dovrebbero ben sapere, come denunciato da Mani Tese e dalla Campagna per la Riforma della Banca mondiale, che la multinazionale Acea è protagonista di un caso simile in Honduras".

"A Napoli l'acqua è tornata un bene comune. E in Toscana?" di Ornella De Zordo *[Carta, Notizie in movimento del 31.01.2006]*

L'assemblea dei sindaci dell'Ato 2 Napoli – Volturno, 136 comuni delle province di Napoli e Caserta, ha revocato ieri a maggioranza (con il 62,8 per cento dei voti) la delibera del 23 novembre 2004, con la quale la stessa assemblea affidava la gestione del servizio idrico integrato ad una costituenda società mista che avrebbe aperto la strada ai privati in un bacino che interessa ben tre milioni di persone.

Alex Zanotelli – animatore dei movimenti contro la privatizzazione dell'acqua in Italia – non ha trattenuto la felicità per l'esito del voto dei sindaci e ha così commentato: "Dal Sud e da Napoli arriva un messaggio di speranza per tutto il Paese. È una grande vittoria, perché l'acqua come l'aria è un bene intoccabile".

La festa e il ruolo dei democratici di sinistra. Domani (31 febbraio) a Napoli è comunque confermata la manifestazione a difesa dell'acqua con Beppe Grillo, che insieme a Dario Fo è stato tra i personaggi che più si sono esposti per la difesa dell'acqua come bene comune. L'appuntamento è in Piazza Dante ed è l'occasione per l'arcipelago di cittadini, gruppi, associazioni, partiti, movimenti, parrocchie e comunità di base di festeggiare la decisione degli amministratori pubblici che, solo dopo la loro pressione, hanno deciso di cambiare idea sulla privatizzazione dell'acqua. "Staremo comunque con gli occhi aperti – ha continuato Alex Zanotelli – la nostra azione adesso si concentrerà sull'Ato 3. La nostra è una battaglia a difesa delle fasce deboli della popolazione ed è in linea con le vertenze contro l'Alta Velocità e contro il Ponte sullo Stretto". Zanotelli ha inoltre dato atto ai Democratici di Sinistra e ai partiti della maggioranza di centro-sinistra (esclusi Rifondazione e Verdi che sono sempre stati contro la privatizzazione) di essere tornati sui loro passi nonostante fossero stati proprio loro a voler aprire ai privati con la delibera del 2004.

Bassolino: "ce l'abbiamo fatta". In particolare il presidente della Regione Campania Antonio Bassolino ha così commentato sul suo blog il voto di ieri: "Ce l'abbiamo fatta. L'Assemblea dei sindaci dell'Ato 2 ha revocato la delibera di affidamento della gestione dell'acqua a una società mista. È anche merito vostro. Sono oltre 400 i messaggi e i commenti che si sono succeduti nelle ultime settimane su questo blog a proposito della gestione delle acque. Di questo vorrei ringraziarvi, per la vostra passione, la schiettezza e la voglia di partecipare." Anche il presidente della Provincia di Napoli, Dino Di Palma e il sindaco di Napoli, Rosa Russo Jervolino hanno commentato positivamente il ritorno del pubblico al 100 per cento nella gestione dell'acqua.

Anche in Toscana movimenti, partiti e istituzioni insieme per il bene comune. Unaltracittà/Unaltromondo auspica che anche in Toscana gli amministratori della cosa pubblica possano tornare con intelligenza sui loro passi, anche grazie alla pressione esercitata dalla società civile e dai partiti della sinistra solidale che hanno sostenuto la legge regionale d'iniziativa popolare per la ri-pubblicizzazione dell'acqua. È necessario seguire l'esempio che arriva dalla Campania. Movimenti e Istituzioni hanno interagito virtuosamente, seppur con grandi resistenze da parte di queste ultime. Alla fine ha prevalso la democrazia partecipativa, capace di comprendere i bisogni e i diritti delle persone, per contrastare le anacronistiche scelte neoliberiste che spesso in Italia le amministrazioni si ostinano a portare avanti. Per questo è necessario lavorare sempre più e sempre meglio affinché l'acqua torni interamente pubblica nell'Ato fiorentino e in tutta la regione e in questo senso è utile e vitale che il programma dell'Unione recepisca le aspettative delle persone che in centinaia di migliaia sono mobilitate in tutta Italia per la difesa dell'acqua pubblica.

Il caso fiorentino. L'estate scorsa la multinazionale Acea Spa è entrata in Publiacqua. Per 60 milioni di euro i 50 comuni delle province di Firenze, Prato, Pistoia e Arezzo aderenti a Publiacqua hanno tramutato l'acqua, bene comune, in una merce. I 50 sindaci in un sol colpo hanno così tradito i cittadini che vedranno aumentarsi le tariffe dell'acqua; la Rete dei Movimenti Toscani per l'acqua che ha raccolto oltre 40.000 firme per la ri-pubblicizzazione dell'acqua e chiesto di conseguenza una moratoria per l'accesso di Acea; le popolazioni del Sud del Mondo che subiscono quotidianamente l'arroganza delle corporations, che approfittano della privatizzazione dei servizi essenziali, depauperano i territori delle loro risorse e gravano gli utenti di aumenti delle tariffe non programmati né pattuiti.

La richiesta agli amministratori fiorentini. Ripubblicizziamo l'acqua. Leonardo Domenici, l'assessore Paolo Coggiola, il presidente di Publiacqua Amos Cecchi, dovrebbero ben sapere, come denunciato da Mani Tese e dalla Campagna per la Riforma della Banca Mondiale, che la multinazionale Acea è protagonista di casi simili in Honduras. Il tutto senza che, al momento dovuto, il consiglio comunale di Firenze sia stato né interpellato né coinvolto in una discussione sulla cessione delle quote. Unaltracittà/Unaltromondo si associa alle parole di Alex Zanotelli quando chiede alla politica da che parte sta: "Se con l'acqua bene pubblico o con l'acqua da privatizzare e ridurre a merce. Certo non ci rassegniamo all'idea che la politica oggi abbia solo un ruolo decorativo ".

Non ci arrendiamo, come non si sono arresi in Campania. Come la società civile e i movimenti campani non si sono mai arresi, neanche noi non ci rassegniamo all'ineluttabilità della privatizzazione dell'acqua, perché è semplicemente aberrante che la logica del profitto sostituisca quella del bene comune. Unaltracittà/Unaltromondo contesta, insieme alla società civile organizzata, il comportamento degli amministratori dell'Ato fiorentino che invece hanno preferito assecondare il trend esistente e si sono arresi a logiche che poco o nulla hanno a che vedere con una gestione fondata sulla difesa dei diritti dei cittadini. Nella vicenda Publiacqua/Acea sarebbe bastato leggere il documento "Risultati e Strategie 2004" di Acea per capire come la multinazionale punti a tariffe che possono arrivare anche a 3,62 euro al metro cubo (come in Germania ad esempio) partendo da una media italiana di 0,91 euro al metro cubo. O più semplicemente i sindaci dell'Ato 3 avrebbero potuto telefonare ai colleghi grossetani dell'Ato Ombrone obbligati a ratificare l'ingresso di Acea sul loro territorio con una delibera che li costringe ad accollarsi l'onere, in caso di bisogno e nonostante l'aumento delle tariffe, di ripianare eventuali deficit di bilancio.

La proposta per una gestione pubblica partecipata. È tempo allora che la politica si adoperi nel perseguire scelte operate alla luce del sole e sulla base di una visione coerente e globale del vivere insieme, dell'interesse collettivo. Deve riprendere il primato sull'arroganza dei poteri forti, sulla miopia degli interessi settoriali e corporativi. Il governo del ciclo delle acque deve tornare interamente pubblico. È necessario che il Comune di Firenze, insieme agli altri dell'Ato, avvii un processo di ri-pubblicizzazione del servizio idrico gestito da Publiacqua Spa, della quale è azionista di maggioranza. A chi pensa impossibile la ri-pubblicizzazione di Publiacqua ricordiamo le parole di Riccardo Petrella del Contratto Mondiale per l'Acqua, oggi presidente, grazie all'impegno di Niki Vendola, dell'acquedotto della Puglia: "Il possibile è ciò che i poteri in carica considerano permesso dunque accettabile. L'impossibile è ciò che i gruppi dominanti considerano inaccettabile". È perciò necessario reinventare e rafforzare il ruolo del pubblico nella gestione e nell'erogazione dei servizi e dei beni di primaria importanza che non devono in alcun modo venir trasformati in bisogni a domanda individuale, cioè ridotti a merci e in quanto tali soggetti alle sole logiche del mercato. È possibile sperimentare un nuovo "modello" di gestione del servizio pubblico: il "pubblico partecipato" basato sulla valorizzazione del lavoro e dei lavoratori, sulla centralità dei consigli elettivi, oggi sempre più espropriati di reali poteri, e sulla attivazione di nuove forme di partecipazione dei cittadini e delle cittadine alle scelte, si pensi ad esempio ai "parlamenti dell'acqua" per quanto concerne il ciclo idrico integrato. www.unaltracittaunaltromondo.it.

Lotte molecolari in Campania

"Privatizzazione dell'acqua. Lettera aperta a Bassolino e Jervolino"
[Carta, Notizie in movimento del 26.10.2004]

Ecco la lettera aperta che il Comitato italiano per il Contratto Mondiale dell'Acqua (attraverso il presidente Riccardo Petrella, il vicepresidente Emilio Molinari, il segretario generale Rosario Lembo) ha scritto ad Antonio Bassolino, presidente della Regione Campania, e a Rosa Russo Jervolino, sindaco di Napoli, i quali hanno annunciato che sia la regione che la città procederanno all'affidamento del servizio idrico ad una società totalmente privata.

"Il Comitato italiano per Contratto mondiale sull'acqua, da diversi anni impegnato in Italia a sostenere il riconoscimento dell'acqua come un diritto umano e a contrastare la mercificazione della risorsa acqua attraverso i processi di privatizzazione in atto a livello di enti locali, ha appreso con grande preoccupazione e con profonda amarezza, la decisione della Regione Campania e del sindaco di Napoli di procedere all'affidamento del servizio idrico dell'Ato di Napoli ad una società totalmente privata, tramite gara pubblica europea. È questo il primo caso in Italia di completa 'privatizzazione' in una realtà significativa, del servizio idrico e della gestione dell'acqua potabile che viene ceduta ad imprese private. Forse si dirà che questa decisione costituisce una scelta politica 'chiara e pulita', senza la 'foglia di fico' del mantenimento del 51 per cento in mano pubblica adottata da enti locali che hanno scelto sempre la privatizzazione pur essendo consentita la possibilità di gestione "*in house*", cioè totalmente pubblica.

Ma è proprio in questa volontà di uscire allo 'scoperto' con una scelta così netta e soprattutto le modalità con le quali è stata decisa, che si esprime tutta la carica negativa, che sembra spingersi fino all'arroganza, di una simile scelta.

Lo ribadiamo: questa decisione, presa senza motivare preventivamente ai cittadini e all'opinione pubblica le ragioni che hanno determinato questa scelta politica, la rende 'inaccettabile' non solo per i sostenitori del manifesto per un Contratto mondiale sull'acqua, ma riteniamo anche molti cittadini di Napoli. Per la prima volta ci vediamo pertanto costretti ad usare la parola di decisione politica 'condannabile'. Perché è una scelta fatta senza tener minimamente conto del dibattito che c'è stato in città e nei movimenti della società civile di Napoli, del dibattito che è in corso in tutto il paese e in tutto il mondo, dove decisioni come quelle di procedere alla 'privatizzazione dell'acqua e dei servizi idrici' sono oggetto di confronto con i cittadini e le associazioni. In alcuni paesi dell'America latina la classe politica accetta che questa scelta sia addirittura sottoposta a referendum nazionali.

La vostra decisione ha invece ignorato ogni prassi di informazione e di partecipazione dei cittadini, ed è fatta da istituzioni governate dal 'centro-sinistra', che spesso tanto parla di 'beni comuni' e di voler realizzare politiche diverse da quelle governative. Ed è questo che rende la vostra decisione, per noi del Comitato e riteniamo per molti cittadini, ancor più sconcertante. Noi del Comitato per un Contratto mondiale sull'acqua, abbiamo sostenuto e ribadito in più di 900 eventi pubblici, che l'acqua non può e non deve essere trattata alla stregua di altri servizi: l'acqua è un bene comune, è un bene sacro perché incarna la vita di ogni essere vivente, nel senso più pieno completo ed ancestrale del termine. Siamo riusciti nel marzo di quest'anno a far riconoscere dal Parlamento europeo che l'acqua è un bene comune, la cui gestione va esclusa dalle regole del mercato interno europeo.

L'acqua è un valore 'sacro' per tutte le religioni e anche per i non credenti l'acqua è la madre. Noi abbiamo sostenuto e ribadito che ciò che è in gioco è la mercificazione planetaria di questo bene comune e sacro, che questo è un passaggio epocale enorme dalle implicazioni sconvolgenti e che la responsabilità di una simile scelta sta gravando su questa nostra generazione di politici. Abbiamo detto che la privatizzazione mondiale della gestione dei servizi locali, consegnati al mercato e alle multinazionali è solo il primo atto della mercificazione a cui sono chiamate a deliberare le istituzioni e che prima di deciderlo dovrebbero pensarci, informarsi con molta attenzione e con altrettanta determinazione consultare la cittadinanza. Abbiamo detto che il passaggio successivo e conseguente è quello già in atto con la pubblicità in onda quotidianamente sui media in Italia e nel mondo, per convincere i sei miliardi di cittadini a bere solo 'acqua in bottiglia' e per questo si imbottiglierà l'acqua degli acquedotti delle città. Non c'è bisogno di essere di 'sinistra' per cogliere queste implicazioni. Difendere 'l'acqua come bene comune' è una questione di civiltà, di vera antica e fondamentale civiltà, come nessuna altra cosa. Nel 2004 è possibile che politici di centro-sinistra – sinistra, vogliano consegnare l'acqua di una città cosi importante dell'Italia nelle mani di Suez, Acea, Nestlè, Danone, Coca Cola? Noi speriamo veramente di no.

Scusateci per i toni duri di questa nostra lettera aperta, ma durissima è stata per noi la vostra scelta e vi preghiamo di fermarla in tempo per potere discuterla con voi col tempo necessario, assieme ai cittadini di Napoli, alle associazioni. Confidiamo che questo appello non rimanga senza una risposta".

"Rete Lilliput di Napoli. No alla privatizzazione dell'acqua" *[Carta, Notizie in movimento del 2.11.2004]*

Il nodo di Napoli della Rete Lilliput e tutti i gruppi, associazioni e movimenti ad esso aderenti, "sono fortemente preoccupati per la decisione della Regione Campania e dell'Ato Napoli-Caserta, di procedere all'affidamento della gestione del servizio idrico integrato – acquedotto, fognature e depurazione – ad una società totalmente privata, mediante gara pubblica europea. Sarebbe il primo caso in Italia di una completa privatizzazione del servizio idrico. Tutto ciò è in contrasto con quanto il Comitato italiano per un Contratto Mondiale dell'Acqua da anni ribadisce, sin dalla sua costituzione, cioè che l'acqua non può essere trattata alla stregua di altri servizi, perché è un bene e un diritto di tutti, indispensabile per la sopravvivenza. Non è una merce e quindi non può essere privatizzata. La Rete di Lilliput non potrà mai accettare il processo di privatizzazione dell'acqua, che inevitabilmenete colpirà le fasce più deboli della cittadinanza; pertanto si impegnerà affinché non si attui questo disegno, si farà promotrice di azioni nonviolente atte ad informare e aggregare i cittadini per dire no al processo di privatizzazione dell'acqua e dei servizi idrici".

"Napoli. Stai con l'acqua o contro l'acqua?" *[Carta, Notizie in movimento del 17.12.2004]*

Dopo la decisione dell'assemblea del Consorzio dei comuni dell'Ato 2 Napoli-Volturno, che il 23 novembre scorso ha dato il via alla privatizzazione dell'acqua della zona, la Rete Lilliput di Napoli e il Comitato italiano per il Contratto mondiale sull'acqua organizzano una conferenza pubblica sul tema, dal titolo "Ce la vogliono dare a bere. Stai con l'acqua o contro l'acqua?". Durante la conferenza verranno chiarite le posizioni dei movimenti e le iniziative per una gestione pubblica partecipata dell'acqua – bene comune. Appuntamento alle 10 sabato 18 dicembre presso la sala consiliare della Circoscrizione Avvocata (in piazza Dante) a Napoli. Interverranno Rosario Lembo, segretario generale del Comitato italiano per il contratto mondiale sull'acqua; Emilio Molinari, vicepresidente del comitato; Consiglia Salvio (Lista acqua Rete Lilliput). A seguire, dibattito aperto al confronto alle forze politiche, i rappresentanti degli enti locali coinvolti nella decisone dell'Ato 2, la società civile. Sono stati invitati il sindaco di Napoli Rosa Russo Iervolino, il presidente dell'Ato 2, della provincia, della Regione, i sindaci di tutti i comuni che fanno parte dell'Ato 2, i partiti. Le conclusioni della conferenza sono affidate a padre Alex Zanotelli.

"In Campania si resiste" *[Carta n. 30 del 29.08.2005]*

Non tutte le acque sono inquinate di privatizzazione. Quella della Campania, ad esempio, è una storia che vale la pena raccontare. L'inizio è il 23 novembre 2004, quando i 136 sindaci dell'Ato 2 [Ambito territoriale ottimale] Napoli-Castelvolturno, propongono di votare tra la gestione mista e quella privata, escludendo l'*in house* [completamente pubblica]. «Vince» la gestione mista: 60 per cento pubblico e 40 privato, e si prevede, nel giro di due anni, la cessione di un altro 9 per cento al privato. Nasce il Comitato civico per la difesa dell'acqua di Napoli, per sollecitare le Istituzioni a ritirare la delibera, bloccare la gara e optare per una gestione pubblica. Ora, il Tribunale amministrativo regionale della Campania ha bocciato le due delibere della Regione che spianavano la strada ai privati, in particolare all'Eni Acqua Campania, per la gestione degli impianti idrici. Una sentenza che, se da una parte ribadisce la gestione pubblica dell'acqua, dall'altra affida a Eni Acqua l'ammodernamento della rete idrica, autorizzando anche la partecipazione dei privati. La sentenza impedisce la svendita dell'Arin, acquedotto napoletano, che serve 26 comuni e quasi 1.700.000 utenti, di cui 1.000.000 solo a Napoli. Lo scorso giugno, dopo una agitata assemblea dei comuni, si decise di affidare, fino al prossimo 15 settembre, a un tavolo tecnico la fattibilità della gestione «*in house*» e di chiudere, il 30 settembre, la gara pubblica per decidere a chi affidare la gestione del servizio idrico.

"Acqua, Napoli. Nessuna trattativa tra comitati ed enti locali" *[Carta, Notizie in movimento del 11.11.2005]*

Dai Comitati civici per la difesa dell'acqua di Napoli, Caserta e province, è arrivata una nota di protesta per i contenuti di un articolo apparso sul giornale Il Mattino di lunedì 7 novembre. Nell'articolo si legge che il governatore della Regione Campania Bassolino, il presidente della Provincia Di Palma, il sindaco di Napoli Iervolino, hanno incontrato "presunti rappresentanti dei Comitati civici in difesa dell'acqua" per aprire "un tavolo di trattativa e di mediazione con la società civile e per individuare tutti insieme una soluzione condivisa".

I Comitati civici in difesa dell'acqua di Napoli e Caserta hanno preso le distanze "dai protagonisti e dai risultati di questo incontro". Secondo i Comitati l'incontro serviva "solo a creare divisione, ma invece ha compattato e unito le diverse forze battaglia contro la privatizzazione dell'acqua in Ato 2 Napoli-Volturno, il più grande d'Italia, comprendente 136 comuni". "I Comitati civici ribadiscono quindi la loro posizione", chiedono "una presa di posizione politica chiara contro la delibera di Ato 2 del 23 novembre 2004 ed un esplicito pronunciamento per la gestione *in house*; continuiamo a chiedere la ri-pubblicizzazione delle infrastrutture e del sistema idrico integrato laddove – come in Ato 3 – è già gestito da società privata". A partire da questa situazione, quindi, i Comitati "non ritengono necessario alcun un tavolo di trattativa e di mediazione" in quanto "i cittadini, convinti che l'acqua è un bene su cui nessuno può fare profitto, hanno un'unica soluzione che non ammette trattativa e/o mediazione: la gestione pubblica e solidale dell'acqua".

I Comitati invitano tutti a partecipare all'assemblea pubblica che si terrà lunedì 14 novembre alle ore 16,00 presso la Sala S. Chiara in piazza del Gesù Nuovo. Saranno rese note le prossime mobilitazioni che avranno luogo fino al 31 gennaio prossimo, data in cui si chiuderà il bando di gara europeo che avrà lo scopo di affidare la gestione del servizio idrico integrato ad un privato.

"Acqua. Comitati civici occupano sede Ato 2 a Napoli" *[Carta, Notizie in movimento del 24.11.2005]*

Questa mattina un gruppo di attivisti ha occupato per protesta la sede dell'Ato 2 di Napoli, per ribadire l'opposizione al processo di privatizzazione dell'acqua messa in atto dalle istituzioni campane. L'occupazione dei locali di Santa Lucia, in Via Cesare Console avviene ad un anno esatto dalla delibera del 23 novembre 2004 con cui i 136 comuni dell'Ato 2 decidevano di avviare la privatizzazione dell'acqua nel bacino Napoli Volturno.

"A 25 anni dal terremoto un nuovo terremoto sociale può abbattersi sulla nostra regione a tutto vantaggio delle tasche dei privatizzatori, quelli economici come D'Amato, Romiti e Caltagirone, e quelli politici come Bassolino, Di Palma e Iervolino", spiegano i comitati. Dopo alcune ore gli attivisti dei comitati civici hanno incontato Luca Stamati vicepresidente dell'Ato 2 a cui hanno ribadito la necessità del ritiro della delibera del 23 novembre 2004, e la richiesta pressante dal basso che viene dai comitati di gestione *in house* per il Sii (sistema idrico integrato) in Campania.

L'occupazione si è conclusa con la consegna di un documento in cui i comitati ribadivano le loro posizioni e prendevano posizione rispetto al baillamme mediatico di questi giorni che ha visto i comitati ed il presidente della Regione al centro di un equivoco tutto mediatico. I comitati contro la privatizzazione dell'acqua non intendono avere nessun incontro con il governatore Bassolino e con chiunque esponente dei governi degli enti locali fino a quando non sara' ritirata la delibera del 23.11.04. I comitati inoltre hanno ricordato il piano di mobilitazione che accompagnerà i movimenti sociali di questa regione nei prossimi mesi in particolar modo il forum nazionale dell'acqua che si terrà in dicembre a Napoli e che vedrà la grande manifestazione nazionale del 17 dicembre come risposta concreta e popolare ai ladri d'acqua.

"Campania. L'acqua resterà pubblica" *[Carta, Notizie in movimento del 30.01.2006]*

Si è svolta oggi a Napoli l'assemblea dei sindaci dell'Ato 2 alla quale hanno partecipato il 79 per cento dei comuni campani. Il consiglio di amministrazione ha votato, con il 68 per cento di quote, la revoca della delibera che, nel 2004, affidava ad un socio privato il 49 per cento della gestione pubblica dell'acqua affidandola ad una società a capitale totalmente pubblico, la "Campaniacque".

Intanto i Comitati preparano la Water Parade prevista per domani, martedì 31. L'appuntamento è per la mattina in piazza, probabilmente piazza Plebiscito, per ribadire l'impegno in difesa dell'acqua "bene comune". Alla manifestazione parteciperanno: Beppe Grillo, Dario Fo, Franca Rame, padre Alex Zanotelli e Nichi Vendola. L'intenzione di partecipare alla manifestazione di domani manifestata anche dal presidente della Regione Campania, Antonio Bassolino, viene però contestata dal Coordinamento dei comitati. In una nota si sottolinea che "la partecipazione del responsabile primo dei processi di privatizzazione dell'acqua nella nostra regione, sia da ascriversi, ancora una volta, a quello che pubblicamente in questi giorni abbiamo definito il gioco delle tre carte" e "Bassolino e i suoi cercano di salire sul treno del movimento". "Crediamo poco – e' detto nella nota – ai ripensamenti dell'ultima ora, soprattutto in vista delle scadenze elettorali, e pertanto riteniamo che la ventilata presenza degli ultimi arrivati sia soltanto, ancora una volta, un tentativo di recuperare consenso, una sorta di passerella pre-elettorale per evitare di perdere voti, per accreditarsi come difensori del bene acqua. Invitiamo il governatore a restare nelle sue stanze, come ha sempre fatto quando si trattava di incontrare i movimenti che in questa città e in questa regione rappresentano i problemi reali di migliaia di suoi concittadini". Nella nota si ribadisce "la determinazione dei Comitati civici a difendere l'acqua dal progetto di privatizzazione" e si sottolinea che "l'approssimarsi delle elezioni hanno costretto amministratori e forze politiche a venire allo scoperto nel tentativo di recuperare un consenso che, proprio intorno alla questione acqua, si va assottigliando".

Nel ricordare che "la Giunta regionale ha approvato un disegno di legge per la creazione di una società interamente pubblica per le infrastrutture idriche", il Coordinamento dei comitati riferisce che "siamo di fronte ad una grande operazione a fini elettorali volta a strappare voti agli stessi alleati".

Lotte molecolari in altre regioni: Sicilia, Veneto, Marche, Piemonte

"Un perfetto meccanismo finanziario. È lo spreco dell'acqua in Sicilia" di Rosa Mordenti *[Carta n. 20 del 23.05.2002]*

Il problema dell'acqua in Sicilia – ha scritto Umberto Santino su Carta della scorsa settimana – era e rimane drammatico, ma più che un problema di quantità è un problema di gestione". In Sicilia l'acqua c'è: ma se ne perde la metà, come ha denunciato Legambiente, in un sistema idrico fatiscente. Il Centro di documentazione "Giuseppe Impastato" fornisce materiale utile a capire "chi ci guadagna". Racconta ancora Umberto Santino, su www.centroimpastato.it, che nel 1977 il magistrato Giuseppe Di Lello aprì un'inchiesta sull'approvvigionamento idrico nell'agro palermitano. Per scoprire che "il criterio di redazione degli elenchi delle acque pubbliche", elenchi fondamentali per avviare qualsiasi opera di sistemazione, era stato "il rispetto delle acque private".

Infatti, nel Piano regolatore generale degli acquedotti [Prga] del ministero dei lavori pubblici, approvato nel 1968, figurano solo 13 pozzi, di cui due salini e quattro in via di esaurimento. "E non c'era traccia dei pozzi, ricchissimi d'acqua, gestiti dai Greco di Ciaculli e da altre famiglie mafiose: i Buffa, i Motisi, i Marcenò, i Teresi", aggiunge Santino. Così, negli anni settanta il comune di Palermo per avere un po' d'acqua, affitta i pozzi dei privati [cioè della mafia], pagando l'acqua che gli appartiene circa 800 milioni di lire l'anno. Oggi, nel resto della Sicilia, nessuna diga è autorizzata alle operazioni di riempimento. L'elenco è impressionante: "La diga Ancipa potrebbe raccogliere 34 milioni di metri cubi d'acqua, ma ne raccoglie solo 4", perché ci sono, da trent'anni, delle crepe. "La diga Disueri potrebbe contenere 23 milioni di metri cubi, ma deve fermarsi a 2 milioni e mezzo. La diga Furore, in provincia di Agrigento, completata nel 1992, non è mai entrata in funzione". Tanto che, se piove "troppo", le dighe devono essere svuotate, e l'acqua viene buttata in mare. Roberto Jucci è un ex generale dei carabinieri, oggi in pensione, e fino a quattro mesi fa era il commissario straordinario per le risorse idriche della Sicilia. È stato licenziato da Totò Cuffaro, attuale presidente della Sicilia, che lo ha sostituito con se stesso [e così, il controllato fa il controllore]. Jucci ha spiegato sul Messaggero che in Sicilia "l'acqua è più che sufficiente. Basta intervenire sulle dighe esistenti, completare le reti e la nervatura di connessione dei sistemi, ripulire gli invasi dai depositi di terra". È stato cacciato quando aveva cominciato a lavorare all'istituzione di un'unica "authority" sull'acqua. Attualmente se ne occupano tre enti regionali, tre aziende municipalizzate, due società miste, diciannove società private, undici consorzi di bonifica, 284 gestioni comunali, 400 consorzi fra utenti e 13 altri consorzi. Come la mafia ben sa, se troppi hanno il potere non ce l'ha nessuno. Cuffaro preferisce lasciare le cose come stanno. La sua priorità è, come ha dichiarato più volte, costruire dei dissalatori. E, in una conferenza stampa con Berlusconi, ha intanto annunciato l'arrivo di navi dotate di questi dissalatori.

Ma l'acqua minerale abbonda. Ma se in Sicilia l'acqua c'è, perché costruire i dissalatori? Sono 15 mila, i miliardi di lire andati in fumo dagli anni ottanta ad oggi. Il ministro Lunardi, dopo aver detto che con la mafia bisogna conviverci, ora sostiene che l'emergenza idrica è figlia di "lacci e lacciuoli" che il governo sta cercando di rimuovere, grazie alla legge obiettivo. Lunardi poi spera "che il Padreterno mandi la pioggia". In attesa del Padreterno, la Regione di Cuffaro ha svenduto la concessione a sette stabilimenti per il prelievo di acque minerali: sembra incredibile, ma sono più di quelli concessi dal Trentino. La Coldiretti denuncia che la mancanza d'acqua nelle campagne sarà devastante. Infatti, è soprattutto nelle campagne che si sono organizzate manifestazioni di protesta, di cui l'ultima martedì della scorsa settimana, a Enna. Ma Berlusconi fa le battute sulla ritenzione idrica e gli altri pregano che piova, costruendo nuove opere inutili. La mafia invece, come ha scritto Massimo Gramellini sulla Stampa, "mantiene un silenzio operoso".

"Forum contro la privatizzazione idrica a Catania" di Carmen Ieracitano *[Carta del 01.07.2003]*

Fa un caldo incredibile a Catania, in questi ultimi giorni di giugno. Ma si preannuncia un'estate torrida non solo da un punto di vista climatico, e non soltanto in questa città, ma un po' dappertutto nel mondo, ovunque si guardi con apprensione al vertice della Wto che si terrà a Cancun il prossimo settembre. L'incontro prevede, tra l'altro, l'approvazione dei famigerati negoziati Gats, che se verranno approvati daranno il via ad un'ondata senza precedenti di libere privatizzazioni dei servizi di pubblica utilità. Ferrovie, istruzione, sanità, energia ma anche, e soprattutto, acqua.

Ed è proprio il tema dell'emergenza idrica, quest'anno in particolare in primo piano, che torna alla ribalta a Catania, una delle aree più assetate d'Italia. Un incontro di preparazione al Forum su "Acqua e Mediterraneo", previsto nella città etnea dal 7 al 9 novembre prossimo, si è tenuto lo scorso 27 giugno presso il cortile della Chiesa Valdese di via Cantarella. Incontro che ha a vuto come ospite Carlos Todeschini, direttore del consorzio acque Dmae di Porto Alegre. Todeschini, pur non parlando italiano, è riuscito comunque benissimo a comunicare all'assemblea l'esperienza di Porto Alegre, e di molte altre zone meno fortunate come Cochabamba in Bolivia ed alcune località del Cile, in fatto di acque e privatizzazioni. Todeschini ha raccontato le infinite peripezie tra le astuzie della Banca mondiale e del Fondo monetario internazionale e il paziente lavoro della democrazia partecipativa. E ha diffuso fiducia e speranza anche a Catania. Per altre informazioni: carmenieracitano@libero.it

"Caltanissetta. L'acqua è di una società spagnola" *[Carta, Notizie in movimento del 10.01.2006]*

La società spagnola Fcc (Fomento de Construcciones y Contratas), attraverso la filiale italiana Aqualia, si è aggiudicata la gestione del ciclo integrale dell'acqua corrente nella provincia di Caltanissetta. Nell'arco dei prossimi trent'anni – questa è la durata prevista dal contratto di gestione – la Fcc ha stimato di generare profitti pari a circa 1.500 milioni di euro a fronte di un investimento pari a circa 250 milioni di euro.

"Le cisterne di Venezia, la democrazia dell'acqua" di Paolo Cacciari (Assessore all'Ambiente del Comune di Venezia) *[Carta Almanacco n. 10 del 20.03.2003]*

Il magico rapporto tra pieni e vuoti, tra gli spazi scoperti dei "campi" e la densa urbanizzazione delle "calli", apparentemente casuale, che colpisce a prima vista ogni visitatore di Venezia, non è il frutto di un genio urbanistico, ma una regola dettata da necessità ecologiche. I campi di Venezia, con le loro inconfondibili vere da pozzo al centro, oltre ad essere piazza, luce, suoni... sono, in realtà, soprattutto acqua. Sotto ogni campo e campiello, corte e cortile si nasconde una cisterna per la raccolta dell'acqua piovana. Settemila, ne censì a metà ottocento l'ingegnere capo del Comune.

La loro storia dimenticata è stata ricostruita pazientemente dall'architetto Giorgio Gianighian, dell'Istituto universitario di architettura, e ne è venuto fuori un progetto affascinante di recupero. Sperimentale, per ora, limitato al restauro filologico di una cisterna sita all'interno del Museo di Storia Naturale, al Fondego dei Turchi, che alimenterà i servizi igienici e fornirà il fabbisogno di acqua per tutti gli usi non potabili: lavaggio del selciato, irrigazione del giardino. Servirà, soprattutto, per ricordare ai numerosi scolari, insegnanti e appassionati naturalisti che visiteranno il Museo che l'acqua è un bene sempre più limitato, prezioso, assolutamente da non sprecare.

Era anche l'idea dell'ingegner Giuseppe Bianco, ma non fu ascoltato. Alle sue pressanti richieste perché si mantenessero in efficienza le cisterne cittadine, gli amministratori locali di metà ottocento preferirono fare la scelta della modernità: con il ponte trans-lagunare arrivarono i treni e le grosse tubature in ghisa dell'acquedotto. La delicata autonomia idrica di Venezia, tanto cara alla Repubblica Serenissima, fu resa superflua. Il nostro ingegnere capo se ne ebbe così a male, che finì per morire a San Servolo, nell'isola dei matti, si dice, per il dispiacere.

Venezia invitata a Kyoto. A Kyoto, però, nell'anno internazionale dell'acqua, gli sarà restituito un po' di onore alla memoria. Il progetto del Fontego dei Turchi è stato apprezzato e il Comune di Venezia è stato invitato – unico nel panorama italiano, a presentarlo nel summit delle Nazioni Unite, nella sezione "Water and City", insieme alla città indiana di Ahmedabad, che confida sulle capacità di raccolta di acque delle cisterne per risolvere i suoi drammatici problemi di sete. Un caso di trasferimento di "know how" a doppio senso, dove per una volta siamo noi ad imparare dai paesi in via di sviluppo.

La storia dei pozzi di Venezia può ancora dirci qualcosa? La modernità continua ad essere un percorso di progressiva e inarrestabile artificializzazione dell'ambiente. Il ciclo prelievo/consumo dei beni e delle risorse naturali, con la sua crescente quota entropica, di perdita irreversibile di valore d'uso, allarga il cerchio.

In fondo, se ieri si è preferito ricorrere all'acquedotto per accedere a risorse più lontane, piuttosto che prendersi cura dell'acqua di casa, delle risorse localizzate, oggi ripetiamo la stessa operazione quando andiamo a comprare l'acqua minerale. Abbiamo l'impressione [solo l'impressione?] di aver conquistato maggiore libertà: possiamo scegliere tra la francese e l'alpina, quella di sorgente o minerale, quella gassata o naturale. L'acqua clorurata di acquedotto la lasciamo alle lavatrici e agli sciacquoni. Questo miracolo di comodità, questa moltiplicazione dell'offerta la dobbiamo all'inarrestabile potenziamento della "forza produttiva sociale" del lavoro alimentata dall'incessante allargamento della sfera di mercificazione dei beni e delle risorse. Un procedimento un po' costoso, forse anche eccessivamente dissipativo, ma indubbiamente pervasivo e affascinante; ci dà la sensazione di disporre di sempre maggiore ricchezza e di dominare il creato.

È davvero così? Ed è così per tutti? La progressiva riduzione delle quantità di riserve disponibili – acqua, e non solo – ci dice che stiamo correndo a cento all'ora su un binario morto. La terra sta rapidamente morendo. Frenare non basta. Bisogna invertire la direzione. Forse anche cambiare il mezzo di trasporto. L'auto-sostenibilità è spesso concepita o come mito autarchico [non esiste l'autosufficienza, in natura], o come utopia comunitaria [gli antropologi ci suggeriscono un modo pluriverso]. La dimensione del locale senza quella della cooperazione mutualistica e multilaterale, della condivisione e della ottimizzazione delle risorse, dell'equità distributiva e della non competizione tra le comunità locali, è priva di senso. L'elemento regolatore di questi scambi, fondati su una effettiva convenienza reciproca delle comunità nel loro insieme, non può essere lasciato al gioco squilibrato dell'accumulo di denaro e squilibrante della ricerca delle condizioni di migliori convenienze localizzative per gli investitori. L'acqua deve "uscire dal mercato". Ma anche l'aria, i suoli agricoli, i semi, la conoscenza, la salute... insomma la vita stanno fuori dal commercio, sono beni non disponibili, inalienabili. Per il semplice fatto che non è possibile farne a meno.

Le vicende emblematiche delle frodi alimentari – acque minerali e non solo – ci dimostrano che il mercato, in realtà, non è nemmeno in grado di moltiplicare le possibilità di scelta dell'individuo ridotto a "cliente-consumatore". Al contrario, omologa, appiattisce, banalizza. Enrico Tiezzi ci ricorda che nulla è più utile dell'acqua. Ed aggiunge una affascinante teoria su cui sta lavorando:

la bio-diversità non è solo tra specie e specie, tra individuo e individuo, ma anche tra le strutture delle macromolecole. In particolare dell'acqua. Sarà bene ricominciare a parlare al plurale, di acque; dell'esistenza al loro interno di diversi principi attivi e stimolanti che aiutano gli esseri viventi ad auto-organizzarsi e a fare i conti con la loro storia evolutiva.

Dal locale al globale, e ritorno. La promozione di pratiche di riduzione dei consumi idrici e di riuso delle acque ha bisogno di politiche forti di partecipazione, di attivazione di una soggettività consapevole. Una "governance" giustappunto opposta a quella della privatizzazione dei servizi e della loro gestione in chiave aziendale che va per la maggiore, anche in Italia dopo la legge Galli 36/97 e l'introduzione del famigerato articolo 35 della legge finanziaria del 2001. Ancora una volta, la scarsa efficienza di molte gestioni degli acquedotti pubblici è stata usata per far piazza pulita dei poteri locali e per consegnare il settore agli investitori privati. Risalire la china e ri-pubbliccizzare l'acqua non sarà facile [l'acqua è entrata nel Gats]. Ma molto si può fare comunque.

Ad esempio, il Forum sociale veneziano [www.veneziasocialforum.org] ha dato avvio ad una campagna che ha, come primissimo gradino, la divulgazione delle informazioni e la trasparenza nella gestione dell'Ato [Ambito Territoriale Ottimale, previsto dalla legislazione per l'elaborazione dei bilanci idrici e dei piani d'utilizzo a livello di bacino idrografico]. L'obiettivo è istituire una Consulta degli utenti che possa avere libero accesso ai dati e partecipare a tutte le fasi di elaborazione dei piani. Le tariffe sono una leva potentissima, per l'"educazione" dei consumatori e per salvaguardare il diritto all'accesso all'acqua. Non solo, il Forum sociale propone di compiere un gesto di grande valore: "Chiediamo che una piccola quota della tariffa relativa al consumo di acqua sia destinata a finanziare interventi volti a garantire il diritto di accesso all'acqua potabile a tutte/i le/gli abitanti di comunità che attualmente nel mondo ne sono prive". Insomma, un finanziamento dal basso a progetti di cooperazione decentrata.

"Gli idrovori di Padernello" di Enzo Mangini *[Carta n. 23 del 10.06.2004]*

Doveva andare tutto liscio, a Padernello, nel comune di Paese. Breve trafila burocratica, rapida concessione per per la ricerca di acque minerali e poi autorizzazione a costruire un nuovo stabilimento di captazione e imbottigliamento. Tanto doveva andare tutto liscio che la San Benedetto, una delle «aziende leader» del mercato italiano delle acque minerali, si era anche portata avanti il lavoro. Il sopralluogo della terza commissione del consiglio regionale del Veneto, il 22 marzo del 2004, «scopre» che nell'area non ancora concessa ci sono già due capannoni. Ma siccome deve andare tutto liscio, la terza commissione che avrebbe dovuto dare entro il 13 aprile scorso un parere sulla valutazione della commissione attività estrattive, ha deciso di non decidere e ha rinviato tutto a data da destinarsi. Le acque si sono agitate troppo.

Tra la prima delibera della giunta regionale del Veneto, l'8 novembre 2002, e la non-decisione della terza commissione consiliare, passa una mobilitazione che ha aggregato il Comitato spontaneo di cittadini dei comuni interessati all'impatto dello stabilimento, il gruppo acqua del Venezia social forum, le associazioni ecologiste, i Verdi e Rifondazione comunista che in consiglio regionale hanno presentato interrogazioni e mozioni per bloccare il progetto. La concessione chiesta dalla San Benedetto insiste su sette ettari nel comune di Paese [già alle prese con l'impatto ambientale di numerose cave e qualche discarica], ma l'area interessata dall'intervento è di 39 ettari, che lambiscono il Sito di interesse comunitario [Sic] It3240011. Cioè la palude di Morgano e Santa Cristina di Quinto di Treviso, lungo il corso del fiume Sile. Il dossier preparato dal gruppo acqua del Venezia social forum riporta che «nella carta della Provincia di Treviso, quest'area è classificata come 'zona ad alta vulnerabilità'. Infatti è un'area di ricarica degli acquiferi che dal Piave alimentano il Sile». Nei periodi di siccità, come quello della scorsa estate, le falde acquifere della zona sono messe a dura prova. Proprio qui la San Benedetto, 19 per cento del mercato italiano, 490 milioni di euro di fatturato, e una joint venture con la Danone per espandersi nei mercati dell'Europa orientale, ha deciso di costruire un impianto capace di pompare dalle sorgenti 40 litri d'acqua al secondo. Per imbottigliarla, in plastica, sono previsti due fabbricati per un totale di 175 mila metri quadri coperti. Per distribuire le bottiglie, è previsto il transito di duecento tir al giorno. Un carico ambientale insopportabile. Per il quale la San Benedetto avrebbe versato 2,58 euro per ettaro: 18 euro e 6 centesimi all'anno. Meno di una goccia di quanto i comuni spendono per smaltire le bottiglie di plastica con l'acqua «prodotta» dall'azienda.

A gennaio di quest'anno il Comitato spontaneo ha consegnato al consiglio regionale 4 mila firme contro gli idrovori. Le istituzioni regionali sono state costrette a difendersi con una melina di pareri, valutazioni e contropareri che ancora non si è conclusa. Come non si è conclusa la mobilitazione: il 4 maggio, Luigi Vinci, eurodeputato, ha presentato un esposto al Parlamento europeo, visto che l'impianto potrebbe danneggiare un'area protetta dalla direttiva Habitat dell'Ue. L'impatto civile della protesta, poi, ha fatto presto ad arrivare al cuore del problema: il diritto all'acqua come bene comune. I manager della San Benedetto non se lo sarebbero mai aspettato.

"Acqua, proteste conto la San Benedetto a Venezia" *[Carta, Notizie in movimento del 22.07.2004]*

Hanno disseminato Venezia, dal Ponte degli Scalzi fino agli uffici tecnici regionali del Veneto, di decine di bottiglie d'acqua minerale con tanti piccoli cartelli, su cui è scritto 'Dissesto geologico', 'Furto d'acqua', 'Vampiri d'acqua'. Gli attivisti del Venezia social forum hanno protestato così stamattina, mentre nella sede regionale era in corso una riunione del comitato tecnico che deve esprimere un parere sulla concessione alla San Benedetto Spa (la grande azienda di acque minerali con sede nel veneziano) dell'estrazione d'acqua minerale a Padernello di Paese, nel trevigiano, dove è stato realizzato un nuovo stabilimento. "La prevista estrazione di oltre tre milioni e mezzo di litri d'acqua al giorno – si legge da uno dei volantini distribuiti dai manifestanti – causerà danni gravissimi al vicino parco del Sile, creando un dissesto all'equilibrio geologico e di falda della zona".

"Un sindaco e il suo acquedotto: «Mi vogliono obbligare a privatizzare»" intervista a Massimo Rossi raccolta da Gianluca Carmosino *[Carta n. 20 del 23.05.2002]*

Toscana, 1999. Numerosi comuni cedono la gestione della rete idrica a società per azioni: il 54 per cento a maggioranza pubblica, il restante 46 per cento è attribuito ai privati con una gara estesa obbligatoriamente a soggetti dell'Unione europea. La multinazionale Suez Lyonnaise des eaux vince l'appalto. Risultati? Gli impianti oggi sono sempre gli stessi. L'acqua anche. Le bollette invece sono mediamente triplicate e il bilancio è in rosso. Con la finanziaria

2002, la Toscana è diventatata il modello. Qualcuno però non ci sta. Come Massimo Rossi, sindaco di Grottammare [Ascoli Piceno].

Cosa succede alle reti idriche italiane? Diciamo innanzitutto che la riduzione del potere degli enti locali a favore dei privati è un fenomeno affermatissimo oggi in Italia in diversi settori. E l'ultima finanziaria, in questo è un capolavoro. Sotto questo punto di vista, la situazione del sistema idrico integrato è gravissima. Siamo di fronte, in pratica, alla liberalizzazione generalizzata e alla privatizzazione di questi servizi. Che avviene nel più completo silenzio delle parti politiche. Come? L'articolo 35 della finanziaria 2002 riforma completamente il sistema idrico municipalizzato istituito nel 1903. La prima follia è che una riforma di tale portata avviene attraverso un articolo della finanziaria. Non solo: il governo ha di fatto preso una decisione in un ambito che in realtà è di competenza regionale. La finanziaria sostanzialmente prevede che entro dicembre 2002 tutte le società pubbliche si trasformino in società di capitali attraverso due possibili procedure: la gara di appalto, che di fatto significa permettere alle multinazionali dell'acqua come Suez Lyonnaise des eaux e Vivendi di conquistare questo nuovo mercato, oppure affidare il servizio idrico integrato a società di capitali partecipate da enti locali. In questa seconda ipotesi i comuni devono comunque procedere alla vendita di almeno il quaranta per cento del servizio ai privati.

Come è stato accolto finora l'Articolo 35? Di fronte a tutto questo c'è chi esulta e chi sta zitto. Tra questi ultimi, alcuni dicono 'è una strada segnata dopo la legge Galli' [la 36 del 1994]. In realtà il vero obiettivo di quella legge è migliorare la gestione integrata del sistema idrico, renderla più efficiente, non privatizzarla. Altri sostengono che dobbiamo imitare i paesi europei. Magari! In Olanda, Danimarca, Svezia e persino Svizzera, prevale ancora la completa gestione pubblica e comunque nessuno di quei governi impone la privatizzazione come fa Berlusconi. Ma lo sanno il governo e il centrosinistra che negli Stati Uniti il sistema idrico è pubblico? Per questo mi chiedo: ma con quale faccia il governo dice sì al ponte sullo Stretto invece di dare acqua ai cittadini siciliani? C'è chi dice con tono rassegnato che ormai il destino è scritto come per i diritti dei lavoratori. Eppure sul lavoro c'è una battaglia dura, a cominciare dalla difesa dell'articolo 18, per l'acqua nulla. Ma il vero scandalo è l'intesa tra centrodestra e centrosinistra: anzi, Bassanini ha detto chiaramente, in un'intervista al Sole 24 ore, che in realtà nella decisione del governo Berlusconi c'è poca liberalizzazione...

E in una cittadina come Grottammare? A Grottammare c'è il Consorzio idrico del Piceno. È nato negli anni '60 e gestisce la rete idrica di cinquanta comuni, vale a dire trecento mila abitanti. In realtà l'estate sono molti di più. Le tariffe del Consorzio rispetto a quelle delle grandi città sono nettamente inferiori: con la media di 0,32 euro al metro cubo sono in pratica la metà di quelle di Roma e un terzo di quelle di Bologna, Napoli e Palermo. Cade dunque completamente la motivazione della riduzione dei costi. Che poi siano numerosi sindaci a cercare la presunta efficienza del privato invece di valorizzare l'attività dei comuni che amministrano è bizzarro. Il governo si difende dicendo che quella che viene data al mercato è solo la gestione dell'acqua, mentre la proprietà delle reti rimane pubblica. Una stupidaggine colossale: se l'appalto va alle multinazionali, è illusorio pensare che il potere politico sia in grado di mantenere il controllo sui privati. Nel tempo è impossibile conservare il controllo, ma anche mantenere la conoscenza scientifica necessaria per gestire quel tipo di servizio. Dunque, di fatto, l'acqua è venduta per sempre ai privati. Per questo è importante oggi che nei consigli comunali si parli della gestione dell'acqua, anche con l'aiuto dei numerosi Comitati territoriali di appoggio alla campagna 'Acqua bene comune' che sono nati in tutto il Paese.

Come si contrasta questa deriva? Oltre alla campagna citata, siamo in attesa che i ricorsi fatti da alcune regioni alla Corte costituzionale per invasione di competenza, portino qualche frutto. C'è anche la possibilità di realizzare un referendum per chiedere l'abrogazione dell'articolo 35. Nelle prossime settimane, numerosi Comitati territoriali faranno un convegno per ipotizzare alcune azioni di disobbedienza che i consigli comunali potranno realizzare.

"Torino argina la privatizzazione" di Luca Martinelli *[Carta n. 15 del 21.04.2005]*

Seimilasettecentotredici chilometri quadrati e 2.160.678 abitanti; 306 Comuni e 13 Comunità montane. Sono questi i numeri che fanno dell'Ambito territoriale ottimale [Ato] numero 3 della Regione Piemonte, corrispondente grossomodo al territorio della Provincia di Torino, una delle aree integrate più importanti [per numero di utenti, per volume di acqua trattato ed erogato ai cittadini] del nuovo sistema idrico italiano, nato dalla rivoluzione provocata dalla legge Galli.

Numeri importanti che rendono ancor più rilevante la decisione, presa dalla Conferenza degli enti locali dell'Ato nel maggio del 2004, di affidare in concessione per vent'anni la gestione del servizio idrico a due imprese totalmente pubbliche, le più importanti tra quella già operanti sul territorio provinciale: Sma Torino – Smat – Spa e Acea Pinerolese Industriale Spa.

«Una scelta politica e non amministrativa», dice Elena Ferro, ex assessore alle Risorse idriche e atmosferiche della Provincia di Torino. «Di fronte a quella legge e alla progressiva liberalizzazione dei servizi pubblici, la nostra scelta di mantenere un controllo totalmente pubblico sul servizio idrico è stata il frutto di un processo politico e democratico, costruito dal basso, favorendo lentamente la piena partecipazione della società civile, attraverso il confronto con i cittadini, le associazioni, i comuni e le comunità montane dell'Ato».

Il percorso di «buone pratiche» avviato dall'Autorità d'ambito e dalla conferenza degli enti locali comincia nel giugno del 2000. Sul piano locale, l'Autorità d'ambito ha attuato alcune concrete scelte per sostenere le aree economiche più disagiate e marginali, quelle della «Montagna torinese».

Così, il Piano d'ambito prevede – all'interno di un programma di investimenti di 1.340 milioni di euro in vent'anni – quote minime di spesa per interventi per piccole e medie infrastrutture nelle Comunità montane [Cm], garantendo l'afflusso di investimenti in misura più che proporzionale al contributo che queste ultime portano al funzionamento dell'Autorità [e che può essere misurato col numero di utenti residenti in una determinata Cm].

Ogni anno, inoltre, si prevede di destinare una quota a favore delle Comunità montane [pari al 3/5 per cento dei ricavi da tariffa] «per le attività di difesa e tutela dell'assetto idrogeologico», oltre a tariffe agevolate per i residenti nei comuni appartenenti alle Cm, per «favorire la popolazione residente e la presenza stabile di abitanti in aree finora caratterizzate da processi di declino demografico ed economico».

Sempre in riferimento alle aree economiche marginali, sono state prese misure a difesa dell'occupazione, favorendo accordi tra i gestori [Smat e Acea], i comuni [ex gestioni in economia] e le Aziende pubbliche in dismissione, per il passaggio dei dipendenti di queste alla Smat.

Aspetti importanti di una politica d'ambito che, come ricorda Silvano Ravera, direttore dell'Ato 3 «Torinese», punta «a mettere il cittadino al centro della propria azione, come consumatore utente del servizio ma anche come lavoratore».

Un diritto fondamentale. Da un punto di vista politico, l'Autorità d'ambito ha fatto proprie le proposte e le richieste del Comitato italiano per un contratto mondiale dell'acqua: prima ha riconosciuto l'acqua come bene comune e patrimonio dell'umanità e l'accesso all'acqua potabile come un diritto umano fondamentale, degno di protezione giuridica [e annunciato l'abbattimento della tariffa d'accesso al servizio idrico integrato, applicando la cosiddetta «tariffa di garanzia», per il consumo sino a 40 litri al giorno pro capite]. Poi, con la delibera numero 138 del 2003, si è impegnata a «destinare un millesimo di euro per metro cubo di acqua fatturato come contributo al finanziamento di specifici interventi di cooperazione internazionale che perseguono modelli sostenibili di gestione delle risorse idriche nei paesi sofferenti di carenza di acqua potabile».

«Decisioni prese ormai più d'un anno fa ma che rimangono ancora oggi solo sulla carta, dato l'impasse che è seguito alla fine del mandato della passata amministrazione provinciale, e che continua tutt'ora», spiega Elena Ferro.

Indizi, questi ultimi, che fanno considerare ancora aperta la vicenda dell'Ato torinese. L'affidamento ventennale della concessione per la gestione del servizio idrico integrato alla Smat e all'Acea non rappresenta un successo assoluto. Oggi l'occhio vigile della società civile e dei pubblici amministratori è chiamato a controllare il comportamento delle due imprese.

Negli ultimi mesi, in particolare, numerose notizie hanno delineato una possibile «deriva» industriale di Smat, ovvero l'annuncio di iniziative economiche mosse dalla sola logica del profitto. Prima, la Smat si è candidata alla acquisizione del servizio idrico nell'Ato palermitano, inviando la propria richiesta di partecipazione a una gara che vede impegnati altri quattro concorrenti: la Giovanni Putignano e figli Srl di Bari, l'Amap, e due gruppi di imprese, il primo capeggiato dalla Sidi Srl di Parma, il secondo dalla Acqua Spa di Milano. Un affare da un miliardo e 200 milioni di euro, tanto l'ammontare degli investimenti previsti nel piano per il servizio idrico integrato della città siciliana. Poi, insieme con Amga di Genova, la Smat ha acquisito da Italgas Spa il controllo del 67,05 per cento della Società acque potabili [Sap].

Se l'acquisizione risponde alla volontà e all'esigenza di salvaguardare un patrimonio cittadino [Sap è la più antica tra le società che gestiscono gli acquedotti torinesi], bloccando sul nascere il sicuro interesse del capitale privato francese, ciò non può essere motivato – come fa invece Sergio Chiamparino, Sindaco Ds del Comune di Torino, azionista di maggioranza di Smat, di cui controlla il 73,88 per cento – dichiarando che: «I servizi sono uno degli assetti economici strategici per il futuro e questi sono atti di politica economica industriale, senza dimenticare un altro aspetto importante ossia il fatto di mantenere la presenza occupazionale in città».

Un'acquisizione, quella appena descritta, che è stata applaudita anche dal presidente di Federgasacqua, Mauro d'Ascenzi, che scrive: «Quella indicata da Smat ed Amga, è una strada interessante che merita di essere monitorata con attenzione. È l'esortazione a un principio di fondo: non importa la proprietà e la forma societaria, l'importante è superare le dimensioni asfittiche che spesso caratterizzano il sistema industriale italiano. L'importante è avere un peso economico e industriale tale da rendere realmente possibile la competizione, a livello nazionale ed europeo».

Rischio d'azienda. Non è certo però che questo sia il cammino più corretto per una municipalizzata, soprattutto quando questa è vincolata a mantenere la propria attività economica «prevalente» legata al territorio dell'Ato torinese. Per questo, è davvero importante la notizia che l'Assemblea dei soci di Smat, impegnata a riscrivere lo statuto dell'impresa, ha votato nel gennaio scorso un emendamento che rinnova il divieto a qualsiasi ingresso del capitale privato nell'impresa.

Un emendamento, questo, che porta in calce la firma di Attac, che ha portato avanti un importante lavoro di pressione sui sindaci dei comuni dell'ambito territoriale. Si tratta di uno stop deciso che blocca sul nascere qualsiasi progetto di applicazione del modello di partnership alla francese, ma che non esula dall'esigenza di un controllo costante sul comportamento economico dell'azienda.

Azioni sotto controllo. «Il problema vero di Smat, oggi – riprende Elena Ferro – è un deficit di democrazia. Il processo di partecipazione non deve essere dato per terminato. Smat è chiamata a divenire realmente rappresentante del territorio. Ogni comune socio dell'impresa ha il diritto di 'appropriarsi' del soggetto pubblico. Ogni cittadino, utente del servizio, ha il diritto a sentirsi pienamente rappresentato nell'assemblea di Smat e nel suo consiglio d'amministrazione».

Si è dunque di fronte a un vero e proprio scontro tra culture: quella aziendalista, propria al ramo diessino dell'azienda, vicino al sindaco di Torino, Chiamparino, e quella attenta ai bisogni e alle esigenze del territorio, molto più in linea con la previsione di una gestione pubblica del servizio idrico integrato.

«È necessaria, nuovamente, una scelta politica – incalza la Ferro – che però il comune di Torino non vuole fare. Il peso dei comuni e delle comunità montane che sono state invitate ad associarsi a Smat quando è divenuta il gestore unico del servizio non può rimanere infinitesimale. Il comune di Torino deve rinunciare a parte della propria quota azionaria, a fette del proprio potere». Il rischio, per ora sventato, ma che potrebbe ripresentarsi, è che un giorno parte delle azioni della Spa di proprietà del comune di Torino vengano messe in vendita sul mercato. E che ad acquistarle sia un soggetto privato.

«È tempo che la politica torni a prevalere sulla non-politica – conclude Gianfranco Durin, del Comitato italiano per un contratto mondiale dell'acqua – per vedere finalmente realizzate tutte quelle decisioni che, prese dalla passata amministrazione per salvaguardare le risorse idriche locali, sono rimaste lettera morta. Noi, come società civile, abbiamo l'obbligo di esigere un maggiore partecipazione e rappresentatività, per un governo pubblico dell'acqua».

«Questo – continua Durin – è il terreno sul quale svilupperemo la nostra lotta, e già c'è stata una prima riunione tra tutte le realtà impegnate sull'acqua su scala provinciale. Ci proponiamo di arrivare, attraverso un processo partecipato, ad avanzare proposte precise al nuovo assessore alle risorse idriche della Provincia e alla nuova amministrazione regionale». Specialmente dopo l'elezione di Mercedes Bresso alla guida della Regione Piemonte, la qualità dei comportamenti delle amministrazioni coinvolte deve essere all'altezza delle aspettative dei cittadini.

Il ruolo dei parlamentari ed eletti locali

Pietro Folena*

Una premessa personale

Nel 2001 sono stato candidato nel collegio della Camera di Manfredonia, in provincia di Foggia. Come altre zone della Puglia, la Capitanata – terra votata all'agricoltura sin dai tempi dell'antica Roma – soffre il problema dell'approvvigionamento dell'acqua, nonostante le montagne alle sue spalle e la presenza di torrenti e bacini.

Negli ultimi anni, poi, i cambiamenti climatici hanno riversato su quella regione piogge con pochi precedenti, fino al paradosso di vedere trasformati i fondi agricoli, di solito aridi, in acquitrini. Passando per le campagne di Manfredonia mi è capitato in due occasioni negli ultimi cinque anni di chiedermi se non fossi in realtà nel vercellese e se quelli che vedevo fossero campi di riso piuttosto che i terreni spaccati dalla siccità cui ero abituato.

L'associazione degli eletti per l'acqua. Acqua pubblica, la "madre di tutte le battaglie"

L'immagine di questa contraddizione – che è fatta di mutamenti nel clima oramai percepibili quasi di anno in anno e della cronica mancanza di un governo dell'acqua in Puglia – è stata alla base dell'idea di costituire il gruppo dei parlamentari per l'acqua prima e l'associazione degli eletti poi.

L'idea era quella di affrontare, nelle aule parlamentari, temi che spesso non occupano le prime pagine dei giornali (se non quando avviene qualche calamità, quali le emergenze – siccità, alluvioni... – che si alternano sempre più nell'arco dello stesso anno), e soprattutto questioni spinose, anche per la sinistra, come la gestione delle reti idriche, sottoposte da tempo a processi di privatizzazione che stanno però incontrando un solido muro nell'azione dei movimenti.

Il tema dell'acqua pubblica, l'acqua di tutti, l'acqua come bene comune, si è fatto largo in questi cinque anni ben oltre le associazioni e i movimenti che sostengono questa battaglia. Direi che a partire dall'acqua (e dalla sanità) si avverte in Italia un cambiamento nel senso comune. Se fino agli anni '90, fermando qualcuno per strada, ci si sentiva dire che il privato è migliore del pubblico, oggi – almeno quando si parla di servizi essenziali – la musica è del tutto differente.

Merito certo dei movimenti. Merito anche della scelta dell'oggetto della battaglia. Che l'acqua debba essere "di tutti" è qualcosa di profondamente radicato nella coscienza collettiva, nonostante siamo il paese che acquista più acqua minerale in bottiglia (e quindi "privata"). Merito – credo – anche di una elaborazione politica che si è posta nell'ottica di produrre soluzioni concrete e "di governo" (l'espressione è odiosa, ma la uso per controbattere a certi epigoni del liberismo che ancora adottano il motto thatcheriano "*there is no alternative*", non ci sono alternative).

L'Associazione degli eletti per il Contratto mondiale dell'acqua raccoglie parlamentari e amministratori che, ciascuno nel proprio luogo di azione politica, lavorano per fermare e invertire i processi di privatizzazione dell'acqua.

Ci muoviamo, sia pure con ritardi che dovremo colmare nella prossima legislatura, a quattro livelli:

1. Il primo livello è quello *locale*. Intendiamo affermare il principio del controllo democratico delle popolazioni locali sulle proprie risorse idriche. Il controllo democratico si fonda non tanto sull'idea di proprietà locale, in una logica di merce o di ripresa di una serie infinita di guerre locali, quanto sulla solidarietà, sull'equa distribuzione, sull'accesso universale. Pensiamo, come dice la dichiarazione di Roma sull'acqua, a consigli dei cittadini a livello di Ambiti territoriali, con poteri deliberativi e non solo consultivi, ispirati ai principi e alle pratiche della democrazia e dei bilanci partecipativi.

2. Il secondo livello è *nazionale*. Vogliamo inserire nella Costituzione italiana l'acqua come diritto umano e come bene comune. Abbiamo proposto, con un emendamento presentato ogni anno in sede di discussione della legge finanziaria, di istituire una *water tax*, per far pagare alle aziende delle acque minerali – controllate per il 30% da tre multinazionali – un diritto di prelievo proporzionale all'acqua estratta da finalizzare in larga parte ad attività di solidarietà e di cooperazione nel campo dell'acqua. Abbiamo proposto norme per favorire la trasformazione dell'uso dell'acqua in agricoltura e nell'industria fondate su principi di riuso e di risparmio. E soprattutto lo stop ai processi di privatizzazione dei servizi idrici locali.

3. Il terzo livello è *europeo*. Abbiamo appoggiato l'inserimento nel testo della Costituzione europea del diritto all'acqua come diritto umano e come bene comune, e di invertire conseguentemente le politiche di liberalizzazione imposte dalle direttive della Commissione europea e parzialmente codificate in modo inaccettabile nella terza parte del testo della Convenzione. "Non tutto può e deve essere privato", ha scritto Prodi nel suo manifesto, "dopo anni di pensiero a senso unico, dobbiamo essere anche pronti a riconsiderare i confini tra il mercato e lo Stato". Sappiamo bene che alcuni dei principali soggetti economici che propugnano la privatizzazione dell'acqua non sono statunitensi o canadesi, ma europei, tanto nel campo delle reti, delle dighe e dell'erogazione quanto in quello agroalimentare, e chiamano in causa le responsabilità dell'Europa, come del resto ha fatto l'allora commissario socialista Lamy a Cancun, quando il nostro continente ha perso un'occasione per schierarsi con il Sud del mondo. La stessa scena – peraltro con lo stesso protagonista, nel frattempo passato al Wto – si è ripetuta in occasione del vertice di Hong Kong. L'idea di fondo è quella di un *Servizio pubblico europeo dell'acqua*, integrando e governando in modo comune questa risorsa, sulla base del principio che l'Europa non può essere solo un mercato comune ma deve essere anche un servizio pubblico comune.

4. E infine il livello *globale*. L'obiettivo prioritario è quello di considerare i servizi pubblici nel settore idrico materia sottoposta alla clausola di salvaguardia rispetto alle privatizzazioni previste dall'Uruguay round e oggi dalle trattative Gats del Wto. Accanto alla cooperazione, alla costruzione di pozzi, alla solidarietà, infatti, dichiarare l'acqua come diritto umano vuol dire sapere che solo quando l'acqua e altri beni comuni saranno fuori dal commercio mondiale noi avremo raggiunto il nostro obiettivo. Questa è l'altra faccia degli 800 miliardi di dollari annuali di spese militari – di cui più di 400 degli Usa e 150 per la guerra in Iraq – a fronte degli scandalosi 56 miliardi di aiuti per la cooperazione.

Dalla legge finanziaria alla vittoria dei movimenti a Napoli

Le nostre battaglie si sono concentrare soprattutto in sede di legge finanziaria. Infatti proprio dalla prima legge finanziaria del governo Berlusconi (dicembre 2001) è partito l'attacco più violento all'acqua pubblica. Si leggeva allora nell'articolo 35 che i servizi pubblici locali, tra cui quelli idrici, potevano essere affidati a "soggetti allo scopo costituiti, nella forma di società di capitali con la partecipazione maggioritaria degli enti locali" oppure "ad imprese idonee, da individuare mediante procedure ad evidenza pubblica". L'articolo poi stabiliva in modo stingente che entro tre anni tutte le gestioni diverse dovevano cessare e trasformarsi in una delle due fattispecie di cui sopra, che i soci privati di una società mista dovevano rappresentare il 40% del capitale e che il soggetto privato, anche in questo caso, doveva essere individuato tramite gara. La gestione *in house* – cioè tramite una società interamente pubblica – rimaneva come forma residuale e transitoria.

Su questo articolo si è innescata la nostra battaglia. Lunga, durata cinque anni, in cui ad ogni finanziaria il governo prevedeva nuove misure ancora più restrittive, fino all'ultimo atto, la delega ambientale e il decreto legislativo che da essa è scaturito (che, al momento in cui scriviamo, sta concludendo il suo iter). Qui si prevede anche la gestione *in house*, ma con una formulazione che impedirebbe ad esempio all'Ato pugliese di affidare il servizio idrico all'Acquedotto pugliese.

Per fortuna – o meglio per l'azione di tante e tanti – non tutto va nel verso sbagliato. Proprio di recente l'Ato di Napoli ha deciso di revocare la delibera in cui si prevedeva di affidare il Servizio Idrico Integrato ai privati. Una battaglia condotta in modo esemplare dai movimenti di quella regione, che ha avuto una eco nazionale anche grazie alla presenza di Beppe Grillo in tutte le manifestazioni. C'è stato un coinvolgimento largo della cittadinanza, non è stata, come spesso accade, una battaglia di avanguardia. Oltre a Napoli battaglie simili sono avvenute un po' ovunque in Italia, spesso con risultati positivi. In Toscana, particolarmente, i movimenti sono attivi contro il "modello toscano" di gestione mista per la cui abrogazione sono state raccolte le firme per un referendum popolare.

Oltre alla gestione pubblica, anche in considerazione della situazione delle reti in Italia – e qui il caso pugliese è emblematico – abbiamo proposto un programma straordinario di interventi di miglioramento degli acquedotti. Questa sì che è una "grande opera", che farebbe risparmiare una quantità di acqua enorme che si disperde nelle reti (i dati parlano di percentuali che in media arrivano al 27% con punte del 40%).

Il nodo del programma dell'Unione

Appare aperta e sperabilmente con esiti positivi, al momento in cui scriviamo, l'ipotesi di inserire nel programma dell'Unione una "clausola di salvaguardia" dalle privatizzazioni per l'acqua. È un elemento centrale perché non stiamo parlando di una battaglia particolaristica, di un "settore" tra tanti, ma di un paradigma più generale: l'acqua, in sé, è un bene pubblico? E se lo è, come del resto – sia pure con una forma ambigua – stabilisce anche la legge [1], può la sua gestione essere affidata a dei privati, attesa l'importanza che essa ha per la vita e la salute (altro bene pubblico, stavolta immateriale)?

Questo punto, quindi, non è un inciso in un programma di centinaia di pagine, ma, se vogliamo la cartina tornasole di una concezione. Si può discutere di privatizzazioni in certi settori (e, comunque, occorre ammettere che durante i governi di centrosinistra si è privatizzato troppo e ancora più spesso male). Tra questi però non può esservi l'acqua e i servizi idrici, perché se così fosse verremmo meno alla vocazione di una sinistra che mette i diritti prima del mercato.

La privatizzazione dell'acqua ha un che di ideologico. Davvero è impossibile spiegare perché l'acqua "privata" sia migliore o più economica di quella pubblica. Voglio fare qualche esempio. L'esperienza di Francia e Inghilterra dimostra che delegando ai privati la gestione dei servizi si lascia nelle loro mani anche la conoscenza economica, scientifica, tecnologica e manageriale necessaria al controllo del loro operato. Gli enti locali perdono la possibilità di negoziare, non essendo più capaci di valutare il costo dei servizi.

I prezzi non calano: in Francia, delle venti città dove l'acqua è più cara, diciotto sono servite dai privati e nelle venti città con i prezzi più bassi, diciotto gestiscono l'acqua in autonomia diretta. Sono emblematici, inoltre, i casi di Adelaide in Australia e di Buenos Aires in Argentina. Privatizzare, infatti, significa affidarsi a aziende che abbattono i costi, risparmiando, oltre che sulla manodopera, anche sulla sicurezza: ad Adelaide, i cittadini per mesi sono stati costretti a bollire l'acqua prima di berla. Con la privatizzazione, inoltre, l'acqua è declassata da diritto a merce: a Buenos Aires, cinque milioni di persone, senza soldi per pagare le bollette, sono state lasciate senz'acqua.

Le acque minerali o "private"

Oltre a questa, che consideriamo un po' la "madre di tutte le battaglie" sull'acqua, e insieme alle nostre proposte per il riuso dell'acqua a fini agricoli e industriali, l'altro grande capitolo su cui ci siamo spesi sono le acque minerali. L'Italia è il più grande "produttore" di queste acque. In dieci anni, dal 1992 al 2002, la produzione è quasi raddoppiata, passando da 6.100 a 10.700 milioni di litri. Ciò significa che ogni italiano, in media, beve 170 e più litri di acqua minerale in un anno.

I motivi sono presto detti: da molti anni è in corso in Italia una campagna strisciante di denigrazione dell'acqua di rubinetto, mentre tutte le rilevazioni, comprese quelle delle associazioni ambientaliste e dei consumatori, ci dicono che l'acqua delle nostre case è sicura e che non ha nulla da invidiare alle acque minerali. Anzi, l'acqua minerale può essere meno sicura di quella di rubinetto, secondo la legge: il decreto ministeriale del 1992 consente la presenza, in piccole dosi, di cianuro, arsenico, piombo, pesticidi e altri agenti inquinanti. L'arsenico è ammesso in bottiglia in misura quattro volte superiore a quella ammessa per l'acqua di rubinetto; il cadmio può raggiungere una concentrazione doppia [2].

A fronte di ciò quasi la metà degli italiani non si fida dell'acqua di rubinetto e acquista l'acqua in bottiglia, nonostante i costi. Acqua che al "produttore" (uso le virgolette perché in realtà chi produce l'acqua è la natura e non certo le aziende che la imbottigliano) costa un'inezia, in base ad un Regio Decreto risalente addirittura al 1927. Per questo abbiamo cercato di modificarlo, introducendo una sorta di sovrattassa destinata ad un fondo per finanziare l'accesso all'acqua nei paesi poveri, una *water tax* che si ispira alla "Tobin" [3].

Democrazia partecipata e acqua. Dai comitati locali al Parlamento mondiale dell'acqua

Siamo un po' bislacchi. Abbiamo aderito al manifesto per l'acqua, approvato a Roma nel 2003 (anno mondiale dell'acqua) nel quale si chiede, tra l'altro, di «favorire a tutti i livelli locali (comuni, città, province, regioni, bacini internazionali) la costituzione di consigli dei cittadini, con poteri effettivi, a sostegno ed in rafforzamento delle istituzioni di democrazia rappresentativa esistenti o similari, secondo le pratiche e le culture dei vari Paesi» [4].

Questo significa che, come eletti (nel parlamento europeo, italiano e nelle istituzioni locali), vogliamo *cedere potere* ai cittadini, singoli e associati. Questa è la grande innovazione del passaggio da acqua bene pubblico (che pure, come detto prima, non è pienamente affermata, anzi) ad acqua *bene comune.*

Un obiettivo richiamato anche nella legge di iniziativa popolare sui beni comuni su cui si stanno raccogliendo le firme. Dice il testo:

«*La gestione dei beni comuni è pubblica, trasparente e partecipata. Vengono di norma individuati Ambiti di gestione ottimale per la presa in cura del bene comune in questione. A tali livelli vengono promossi consorzi di autonomie locali cui è affidata la tutela e la conservazione del bene comune in rapporto con i territori, con i cicli globali, il suo godimento e la sua riproducibilità. Alla gestione dei beni comuni si associano sempre comitati di partecipazione democratica dei cittadini singoli e associati. Per la loro gestione è previsto sempre un percorso decisionale partecipativo e vincolante*».

Il passaggio verso una gestione partecipata dell'acqua è parte di una strategia più generale dei movimenti. L'idea di fondo è che la rappresentanza istituzionale tradizionale è oggi inadeguata a comprendere tutte le sfaccettature della società moderna. La crisi della democrazia rappresentativa ha avuto negli anni '90 una risposta regressiva (presidenzialismo, personalizzazione). Negli anni 2000, invece si è fatta largo l'idea che, soprattutto a livello locale, si possa e si debba lavorare alla costruzione di un nuovo modello di rappresentanza in cui non più solo i partiti, ma anche altre forme di aggregazione politico-sociale possano esprimersi e decidere.

Questa "cessione del potere" allude a mio parere ad una nuova idea di *socialismo*, direi quasi la sua definizione: cedere il potere alla società. Significa assumere in modo radicale l'idea di democrazia. Liberarsi di ogni tentazione di separazione tra governati e governanti, tra ceti dirigenti e popolo, tra avanguardie e masse. Che il governo di cui si dota un popolo per assicurare i diritti inalienabili di ciascuno (prendo volutamente e provocatoriamente a modello la definizione della Dichiarazione di indipendenza americana), non è fatto solo dagli organismi dello Stato ma da una rete di autonomie nella società stessa. In parte le istituzioni locali possono svolgere un ruolo del genere. Ma non sono affatto sufficienti, così come sono. Dalla municipalità di Porto Alegre si è diffusa la pratica del bilancio partecipativo che fa decidere ad assemblee aperte, popolari, parte della destinazione dei fondi a disposizione dell'amministrazione. È un'esperienza che è arrivata anche in Italia e attuata da diversi comuni, circoscrizioni, persino a livello regionale, nel Lazio. Non è poca cosa: le giunte, i consigli, si privano di una fetta di potere e la cedono ad altri, alla società: associazioni, comitati e persino singoli cittadini. Una fetta di potere, peraltro, che attiene al denaro. In alcuni comuni si sta sperimentando il metodo partecipativo per la definizione del piano regolatore urbanistico, che rappresenta forse l'atto più importante di una amministrazione cittadina.

Questo impegno collettivo, fatto da parlamentari, amministratori, comitati, associazioni, cittadini non è presente solo nel nostro paese. L'acqua è una questione globale (basti ricordare l'esperienza indiana) e i processi di privatizzazione partono dall'Europa per arrivare nei paesi in via di sviluppo (molte delle multinazionali dell'acqua sono proprio europee). Da qui l'idea lanciata al I Forum Mondiale dell'Acqua di costituire un vero Parlamento Mondiale dell'Acqua, una sorta di Onu delle risorse idriche, che comprenda tutti questi soggetti e che costruisca una alternativa al Wto e alle sue politiche.

L'Iri dell'acqua

Acqua pubblica è bene comune quindi. Ma una generica affermazione, se non accompagnata da politiche che la attuino, rischia di rimanere una declamazione senza conseguenze.

Serve invece creare le condizioni affinché l'acqua pubblica diventi la regola e non l'eccezione. E perché essa abbia alle spalle una massa critica che le permetta di divenire una alternativa credibile e sostenibile anche economicamente e finanziariamente. Da questo libro di Riccardo Petrella vorrei lanciare l'idea di un polo pubblico delle aziende ed enti che gestiscono i servizi idrici. Una sorta di "IRI dell'acqua", che consorzi le realtà piccole e grandi sparse sul territorio e del quale l'AQP potrebbe essere promotore e capofila.

Penso non ad un carrozzone né ad una struttura verticistica. Non potrebbe essere così del resto, data la molteplicità e l'eterogeneità dei soggetti, né servirebbe che lo fosse. Ma al contrario una struttura federata nella quale le aziende associate potrebbero trovare una forza contrattuale – che altrimenti da sole non avrebbero – per potersi rapportare alla politica e contrastare efficacemente le tendenze alla privatizzazione.

Un polo che adotterebbe i metodi della finanza etica per sostenersi, magari divenendo socio anche di Banca Etica, emettendo titoli (si potrebbero chiamare Baq – Buoni Per l'Acqua) riprendendo l'idea di debito pubblico originaria, quella del finanziamento delle opere pubbliche. Un keynesismo dell'acqua e degli acquedotti, in cui il cittadino presta dei soldi ad enti e aziende che li utilizzeranno per migliorare la qualità di un servizio fondamentale per la sua stessa qualità della vita.

Un polo "attrattivo" verso le aziende privatizzate e in via di privatizzazione (penso in particolare ad Acea e Publiacqua) la cui ri-pubblicizzazione potrebbe essere così favorita.

Una struttura che ovviamente dovrebbe adottare anche per se stessa il metodo della democrazia partecipativa, affiancando agli organi societari classici un comitato di cittadini e associazioni che tuteli l'interesse collettivo degli utenti e che serva anche da modello per i soggetti associati affinché formino comitati analoghi a livello di singola azienda.

Questa "Iri dell'acqua" potrebbe essere il primo nucleo intorno al quale far condensare una nuova politica pubblica dell'ambiente. Così come il primo centrosinistra intervenne con le nazionalizzazioni industriali (elettricità, telefoni) ora vi è necessità di pubblico nei settori ambientali. Un pubblico non più statale ma pienamente "repubblicano". Un pubblico del quale il cittadino possa fidarsi, identificarsi e magari investire anche qualcosa di suo: penso a cosa significa per il nostro paese il risparmio postale di milioni di piccolissimi "investitori" che finanziano, con pochi euro ciascuno, i prestiti che poi servono ai comuni per le opere pubbliche.

Questa proposta allude quindi ad una missione più generale e ad una nuova idea di "pubblico". La retorica del "meno stato, più mercato" ha perso molto smalto. Vi sono le condizioni per un cambiamento. Ma non arriverà da solo: occorre ancora iniziativa politica e proposte forti, radicali e "di governo" allo stesso tempo.

È una sfida che ci accompagnerà ancora per lungo tempo.

Note

[1] È il Regio Decreto dell'11 Dicembre 1933, n. 1775 la più importante tra le "leggi in materia" a cui fa riferimento il codice. L'art. 1 definisce come pubbliche tutte le acque sorgenti, fluenti e lacuali, anche se artificialmente estratte dal sottosuolo, sistemate o incrementate, le quali, considerate sia isolatamente per la loro portata o per l'ampiezza del rispettivo bacino imbrifero, sia in relazione al sistema idrografico al quale appartengono, abbiano od acquistino attitudine ad usi di pubblico generale interesse. Requisito fondamentale per cui un bene possa definirsi pubblico è quello dell'attitudine ad usi di pubblico e generale interesse. L'interpretazione estensiva data a tale principio dalla Giurisprudenza, che ha finito per riconoscere l'attitudine ad usi di pubblico e generale interesse per tutte le acque superficiali non di minima entità, ha portato a riconoscere come beni idrici sorgenti, colatoi, fossati, ghiacciai, canali di enti territoriali. In base all'art. 103 (Titolo II, Disposizioni speciali sulle acque sotterranee) della stessa legge, l'idoneità a soddisfare l'interesse generale pubblico è prevista anche per riconoscere come pubbliche le acque sotterranee. Pur affermando la natura pubblica del "bene acqua", il R.D. 1775 mirava a massimizzarne lo sfruttamento, incurante della tutela della risorsa e della restituzione all'ambiente naturale, continuando a ritenerla un bene illimitato. Da *Il governo dell'acqua: rilancio o crisi?* a cura del Wwf Italia.

[2] Dati tratti da *Il governo dell'acqua: rilancio o crisi?* a cura del Wwf Italia.

[3] Su questo abbiamo dovuto affrontare un fatto emblematico: la lista "Uniti nell'Ulivo", alle elezioni europee del 2004, usò le bottigliette d'acqua come gadget della campagna elettorale.

[4] Dichiarazione di Roma del 10 dicembre 2003, reperibile in questo volume nella parte "documentazione" e su www.contrattoacqua.it.

*** Parlamentare. www.pietrofolena.net.**

"AcquaPubblica"

un nuovo strumento per la difesa e la promozione dell'acqua bene comune e servizio pubblico

Riccardo Petrella

Per iniziativa di un gruppo di aziende di gestione di servizi idrici (fra cui l'Acquedotto Pugliese, il CAP Gestione di Milano, la Cadf del sud ferrarese..) e di alcune Aato – Autorità d'Ambito Territoriale Ottimale (fra le quali quelle della Puglia, della Provincia di Lodi, di Novara, di Pescara …), il 27 gennaio 2006 è nata a Bari, **AcquaPubblica**, *associazione di soggetti pubblici (aziende e enti) attivi nel settore dell'acqua detto Sii* (Servizio Idrico Integrato: distribuzione, depurazione e fognature).

L'obiettivo principale di AcquaPubblica è di creare una rete di cooperazione fra tutti i soggetti pubblici dell'acqua al fine di difendere e promuovere il carattere pubblico della proprietà delle reti e della gestione dei servizi idrici e, a tal fine, stimolare un dibattito politico culturale il più possibile aperto ai cittadini, sulla politica idrica in Italia e a livello regionale.

L'iniziativa nasce, fra altre varie ragioni, in reazione alla grande ondata degli anni '90 in favore della liberalizzazione e della privatizzazione dei servizi idrici. Accompagnata, vuoi sostenuta, dalla principale associazione di categoria, la Federutility, di cui fa parte la Federgasacqua, essa si è tradotta in una graduale ma significativa perdita di identità e di specificità del settore idrico e del suo peso, specie delle aziende pubbliche, sulle grandi scelte ed orientamenti del settore su scala nazionale ed internazionale. In effetti, la cultura privatista si è imposta in seno a Federgasacqua, ancor più nettamente con l'avvento due anni or sono della Federutility. Il concetto stesso di "public utilities" è gradualmente svanito per lasciar posto a quello di "multiutilities", di "multiutilities company". Tant'è che le nuove grandi Spa multiutilities dell'acqua italiane, quali Acea, Hera, Mediterranea Acque, formatesi in pochissimi anni a seguito di aggregazioni, fusioni, e prese di partecipazione in capitale, ed espressione di un neocapitalismo locale a vocazione globale, tendono sempre di più ad aderire alla Confindustria, relegando ad un ruolo secondario, se non all'oblio, la confederazione madre di origine, la Confservizi. Che le grandi aziende idriche – che si dicono ancora "pubbliche", aderiscano alla Confindustria, affermando cosi la loro scelta in favore di un modello d'impresa a finalità industriale commerciale e finanziaria, la dice lunga sul cammino rapido e la mutazione profonda in corso impressa dai fautori della privatizzazione dei servizi "pubblici" locali, che hanno dominato questi anni anche in seno alle forze del centro-sinistra.

Inoltre, da più parti, ci si interroga sulle conseguenze a breve e medio termine per il mondo dell'acqua, della creazione, ottobre 2005, di AquaFed, la federazione internazionale degli operatori privati dell'acqua, cui hanno già aderito 200 imprese private. Creata all'iniziativa di Suez (nº 2 mondiale dell'acqua), AquaFed si è data l'obiettivo di formare un forte gruppo di pressione politica per influenzare le istituzioni europee ed internazionali (la Banca Mondiale ed il Wto in particolare) in favore di una politica mondiale dell'acqua conformemente agli interessi delle grandi imprese multinazionali private. Le imprese multinazionali private dell'acqua – in particolare le imprese francesi ed inglesi di cui otto figurano tra le prime dieci imprese mondiali del settore – hanno dimostrato di essere particolarmente forti ed efficaci nell'influenzare i governi nazionali, le istituzioni dell'Unione Europea, le organizzazioni internazionali di Bretton Woods così come quelle specializzate delle Nazioni Unite. Ricordiamo, per esempio, che :

- il manuale/bibbia per la gestione integrata delle risorse idriche, adottato nel 1993 ed imposto attraverso il mondo dalla Banca Mondiale, riprende interamente il modello di gestione delle due prime imprese mondiali dell'acqua, le francesi Suez e Vivendi;
- la creazione nel 1996, con il sostegno della Banca Mondiale e delle organizzazioni specializzate delle Nazioni Unite, del Consiglio Mondiale dell'Acqua (Cma) e del Global Water Partnership (Gwp) è stata possibile solo perché le imprese francesi ed inglesi ne hanno favorito, anche finanziarmente, la nascita. D'altronde, i rappresentanti delle imprese occupano posti di rilievo in seno agli organi direttivi delle due organizzazioni. Il posto di presidente della Gwp è occupato, altresì, da una persona che è presidente del Consiglio "scientifico" internazionale della Suez. Il Consiglio Mondiale dell'Acqua ed

il Global Water Partneship, cui è stato affidato il compito di organizzare, ogni tre anni, il Forum Mondiale dell'Acqua, sono diventate le istituzioni chiave – per quanto ufficialmente "private" – della politica mondiale dell'acqua definita dalla Comunità internazionale. Non a caso, questa politica riflette, in maniera esplicita e diretta, le concezioni ed i principi promossi dalle imprese private in favore della liberalizzazione, della deregolamentazione, e della privatizzazione del settore dell'acqua (in particolare secondo il modello Ppp: Partenariato Pubblico Privato);
- la Direttiva Quadro Europea del 2000 sull'acqua è ispirata anch'essa, da una cultura dell'acqua molto vicina a quella delle imprese private (principio dell'acqua bene economico, principio dell'apertura dei servizi idrici al mercato liberalizzato, definizione di un prezzo dell'acqua basato sul principio del "full cost recovery", accettazione della competitività...).

L'associazione AcquaPubblica cercherà di promuovere una rete italiana, e si è data un primo piano di lavoro per l'anno 2006 di cui si segnala in particolare l'organizzazione dei primi stati generali dell'acqua delle regioni meridionali e il rilancio di una politica idrica comune fra le regioni del bacino del Po.

2005: un anno di lotte politiche per l'acqua

Riccardo Petrella

La "petrolizzazione" e la "coca-colizzazione" dell'acqua, attraverso la privatizzazione della gestione dell'acqua, il Ppp (Partenariato Pubblico-Privato) e la generalizzazione del ricorso all'acqua in bottiglia come "acqua per bere", rischiano di affermarsi ancora di più nel 2005 e di rinforzare la sottomissione dell'acqua alla logica della pretesa "razionalità economica" della società capitalista dei consumi, devastatrice degli ecosistemi del pianeta. Essa rischia anche di relegare al campo della pura retorica l'obiettivo del diritto all'acqua per tutti e la gestione dell'acqua come "bene comune pubblico".

Le forze all'opera: logiche finanziarie e pragmatismo quasi cinico

Le logiche finanziarie. Numerosi governi stanno cercando di fare applicare le proposte del *"Panel internazionale sul finanziamento delle infrastrutture dell'acqua"* diretto da Michel Camdessus (ex direttore generale del Fmi) e redatto per iniziativa del Consiglio Mondiale dell'Acqua, del III Foro Mondiale dell'Acqua e del Global Water Partnership, istituzioni che fanno parte dell'oligarchia mondiale dell'acqua, descritta in un articolo di *Le Monde diplomatique* del 2003.

Il Rapporto Camdessus, *"Finanziare l'acqua per tutti"* è stato di recente reso accessibile al grande pubblico da alcuni importanti editori francesi ed inglesi. Alla luce dei resoconti piuttosto favorevoli che ne hanno fatto certe Ong impegnate nella cooperazione allo sviluppo e nella lotta contro la povertà, è possibile constatare che il rapporto ha raggiunto il suo scopo, quello di essere considerato, anche in seno ai movimenti progressisti, come una proposta concreta e "credibile" per risolvere i problemi di finanziamento dell'accesso all'acqua per tutti. Il rapporto viene infatti utilizzato nelle sedi internazionali governative e paragovernative e nella maggior parte delle università e dei centri di ricerca che lavorano su questi temi, come "il documento" di riferimento in materia di finanziamento dell'acqua, particolarmente nei "paesi poveri ed in via di sviluppo".

La tesi principale di questo rapporto consiste nel dire che la soluzione finanziaria ai bisogni crescenti in materia di accesso all'acqua nel mondo passa principalmente per il coinvolgimento del settore privato e che tutto deve essere fatto per creare le condizioni più favorevoli affinché l'acqua diventi un settore di attività attrattivo per i capitali privati. Non è un'esagerazione affermare che l'essenza del Rapporto Camdessus consiste nella proposta delle misure da prendere per assicurare tre condizioni: la protezione della proprietà privata, una volta che i capitali privati si vedano confidare la gestione delle infrastrutture e dei servizi di acqua; la certezza dei profitti, nel senso della loro garanzia da parte dei poteri pubblici che, secondo il rapporto, devono impegnarsi ad intervenire nel pagamento dei servizi resi in caso di non solvibilità da parte dei consumatori pubblici e/o privati; infine, la garanzia di livelli "ragionevoli" di profitto in funzione dei mercati internazionali. Secondo il Rapporto Camdessus, il problema maggiore da risolvere è come convincere le imprese private sul rendimento economico che possono ricavare da un loro intervento nel campo dell'acqua, soprattutto nelle regioni cosiddette a "basso reddito".

Le soluzioni proposte dal Rapporto si situano in perfetta sintonia con l'approccio liberal-capitalista. Secondo i suoi autori, il finanziamento dell'acqua deve avvenire mediante l'uso di cinque strumenti, e cioè:

- il consumatore *(principio del "chi consuma paga")* secondo le tariffe fondate sul principio del recupero totale dei costi di produzione, ivi compreso il profitto;
- il ricorso ai mercati finanziari nazionali ed internazionali;
- gli investimenti statali, particolarmente per promuovere il contesto economico più favorevole all'intervento del settore privato;
- i prestiti delle istituzioni finanziarie multilaterali (Berd, Fmi, Bei, Bad...);
- la partnership pubblico-privato, cioè il Ppp di cui il "project financing" è considerato una delle forme più efficaci.

Il rapporto costituisce lo strumento ideologico più articolato ed avanzato di cui dispongono i dominanti del Nord per imporre, nel mondo, la loro dottrina economica e finanziaria in materia di acqua e, più in generale, in materia di finanziamento dei beni e dei servizi un tempo pubblici.

Le Ong che si ispirano all'obiettivo dello "sradicamento della povertà" nel mondo ed alla difesa del diritto alla vita per tutti, dovrebbero avere un giudizio molto critico sul Rapporto Camdessus e dovrebbero evitare di lasciarsi manipolare da argomenti tecnici che riflettono le scelte ideologiche e politiche proprie della società capitalista di mercato.

Pragmatismo che rasenta il cinismo

Un esempio è costituito dall'apertura, il 22 marzo 2005, Giornata mondiale dell'acqua, del Nuovo decennio internazionale di azione "L'acqua per la vita" (2005-2015), proclamato dall'Assemblea Generale delle Nazioni Unite il 9 febbraio 2004.

L'obiettivo che il "Nuovo Decennio" si propone è quello di dare un'attenzione ancor più grande ai problemi dell'acqua, con un'enfasi particolare sul ruolo delle donne in quanto gestori dell'acqua, *allo scopo di raggiungere gli obiettivi relativi all'acqua approvati su scala internazionale, e cioè di ridurre della metà, entro il 2015, la percentuale delle persone non aventi accesso o incapaci di darsi l'accesso all'acqua potabile e che non hanno nemmeno accesso ai servizi sanitari di base.*

Si tratta dello stesso obiettivo affermato nel settembre 2000 dalle Nazioni Unite nella Dichiarazione degli Obiettivi del Millennio per lo Sviluppo, ripetuto, come una litania, in occasione della Conferenza Mondiale a Monterey nel marzo 2002 sul finanziamento dello sviluppo nel mondo, dove fu affermato che il finanziamento dello sviluppo mondiale deve passare principalmente dall'investimento privato e sempre meno dall'investimento pubblico, e poi alla Conferenza sullo sviluppo sostenibile di Johannesburg nel settembre 2002.

È utile ricordare che gli "Obiettivi del Millennio per lo Sviluppo" costituiscono la "carta politica mondiale" degli impegni assunti dai responsabili politici ed economici del pianeta per i prossimi 20 anni. Ora, si può riscontrare che fra questi obiettivi non figura più lo sradicamento della povertà nel mondo nel corso dei prossimi due-tre decenni, allorché i responsabili mondiali, soprattutto quelli dei paesi più ricchi, si erano impegnati nel 1974, trent'anni fa, a sradicare la povertà entro l'anno 2000. All'epoca, i dirigenti del mondo avevano stimato che l'obiettivo dello sradicamento era realizzabile. Lo sradicamento della povertà è ancora oggi economicamente realizzabile nello spazio di 20 anni – ma questa evidenza non è stata sufficiente per convincere i potenti di oggi a perseguire la concretizzazione dell'obiettivo.

Al contrario, hanno deciso che il solo obiettivo realista possibile è quello di ridurre della metà, entro l'anno 2015, il numero delle persone estremamente povere (attualmente 1,3 miliardo di esseri umani) lasciando al di fuori di questo obiettivo, coloro che sono "semplicemente" poveri (cioè 1,4 miliardo di persone addizionali).

Lo stesso principio è stato applicato all'acqua. Le Nazioni Unite lanciarono il primo Decennio internazionale per l'acqua potabile ed il risanamento idrico (1981-1990) nel 1977 con l'obiettivo di portare l'acqua a tutti gli esseri umani nel 1990 (obiettivo posticipato poi all'anno 2000). Nel 2000, 1,5 miliardo di persone erano ancora senza acqua potabile e 2,4 miliardi senza servizi sanitari.

In queste condizioni, prendere *la decisione di promuovere un nuovo Decennio dell'acqua costituisce, da parte della comunità internazionale, un atto "logico" solo per il sistema dominante ma obiettivamente scandaloso per chi non ha l'accesso all'acqua.*

Occorreva un nuovo Decennio per "aiutare" a realizzare degli impegni già presi nel 2000 e riaffermati nel 2002 ed ancora nel 2003? Gli impegni presi dalla comunità internazionale sono così aleatori e poco affidabili? Oppure la Comunità internazionale è convinta, ad appena quattro anni di distanza dagli impegni assunti, di non poter più essere capace di mantenerli? Se questo fosse vero, perché allora lanciare un nuovo Decennio senza apportare alcun cambiamento sul piano degli obiettivi e dei mezzi disponibili per raggiungerli, salvo quello di rafforzare il potere ed il ruolo delle imprese private e di una società civile (dove il riferimento è solo per le donne) che nella testa dei responsabili delle Nazioni Unite è rappresentata principalmente dalle forze vive del settore privato?

La comunità internazionale dimostra, pertanto, una grande incapacità di imparare dalle esperienze e, soprattutto, dagli scacchi registrati nel passato. L'insuccesso del primo decennio internazionale dell'acqua lungi da spingere la comunità internazionale a spostare in avanti la barra dei suoi "doveri" nei confronti di miliardi di esseri umani esclusi del diritto alla vita, l'ha convinta della necessità di abbassare il livello delle sua responsabilità. Ciò, malgrado il fatto che il mondo è diventato negli ultimi venti anni molto più ricco e più potente sul piano delle conoscenze e delle tecnologie!

Occorrerà un grande impegno militante, in tutti i luoghi, per denunciare, con rigore e forza, una tale situazione. Quelli che sono privati dell'accesso all'acqua non hanno bisogno di un nuovo Decennio di "ingegneria burocratica della retorica internazionale della solidarietà", ma di cambiamenti sostanziali sul piano delle priorità e delle politiche. I responsabile politici e le elite economiche, tecno-scientifiche e sociali dominanti mostrano, ancora una volta, che non sono capaci di farlo. La pressione al cambiamento deve venire per iniziativa dei cittadini con l'obiettivo di agire sulle istituzioni ed i loro responsabili democraticamente eletti affinché questi operino i necessari cambiamenti di politiche.

Le strategie di consolidamento e di allargamento del potere di controllo sulle risorse idriche da parte delle imprese multinazionali private

Uno degli strumenti più utilizzati è rappresentato da una politica di comunicazione rivolta ai "cittadini" e destinata a conquistare l'opinione pubblica ai "valori" delle imprese private, di fronte, dicono, agli sprechi ed ai pasticci, spesso reali, della gestione pubblica. Dopo il dépliant di Suez (n° 2 mondiale del settore dell'acqua) dal titolo "*Gli alter-mondialisti e l'acqua*" che ha cercato di de-credibilizzare gli argomenti di quanti (movimenti ed associazioni) si oppongono alla crescita degli investimenti privati nel campo dell'acqua, si è assistito all'uscita di un nuovo pamphlet messo in circolazione dalla Veolia, n° 1 mondiale, "*L'acqua potabile per tutti*".

Il testo di Veolia è un tipico prodotto dell'attuale politica di comunicazione adottata dalle imprese multinazionali private: nessuna posizione è espressa in modo rigido ma grande apertura, formale, ai problemi umani, sociali ed ai temi ambientalisti e partecipativi; insistenza sulla differenza tra il ruolo regolatore dello Stato ed il ruolo di *"prestatrice di servizi"* da parte dell'impresa privata conformemente alle regole ed alle condizioni fissate dallo Stato.

La cultura dell'acqua di cui Veolia si fa portatrice non differisce dalla cultura della grande maggioranza delle forze politiche attualmente al potere che si è imposta, in modo forte, negli anni '90 ed, in modo più dolce, formalmente, dall'inizio di questo decennio. Una cultura favorevole, lo si è visto, alla privatizzazione ed alla gestione "economica" dell'acqua, che ha fatto del Ppp (Partenariato Pubblico-Privato), il suo asse principale, lo spirito ispiratore della sua strategia.

L'esempio di Veolia – ma si sarebbe potuto prendere quello di Suez, Thames Water, Rwe, Acea, Nestlé, Coca-Cola – è sintomatico perché ci troviamo in presenza delle stesse tesi del n° 1 mondiale dell'acqua di distribuzione, che sono poi le stesse contenute in tutti i testi dell'Unione Europea, della Banca mondiale, della Banca interamericana per lo sviluppo, del Nepad, del governo francese, del governo britannico. Le tesi esposte possono essere cosi riassunte:

- L'acqua in quanto risorsa naturale (l'acqua piovana, dei fiumi, delle sorgenti...) è un "bene comune". Essa cessa di essere tale non appena viene utilizzata per soddisfare bisogni umani. In questo caso, poiché è trattata e ci sono dei costi, degli scambi, l'acqua diventa un "*bene economico*".
- In quanto "bene economico", è corretto che l'acqua sia proprietà dello Stato. La sua gestione deve essere assicurata in modo razionale ed efficace per garantirne un'utilizzazione ottimale dal punto di vista dei costi e dei benefici. Allo Stato compete la responsabilità di definire i principi fondatori e le linee direttrici della gestione. L'esperienza dimostra che gli viene attribuito anche il compito di farsi carico ed assicurare gli investimenti per le infrastrutture di base per la protezione delle risorse idriche del paese, per la captazione e l'adduzione, la distribuzione ed il trattamento delle acque reflue. In compenso, la delega alla gestione dei servizi di distribuzione, di depurazione, e di risanamento, conferita alle imprese private si rivela più economicamente efficace, redditizia e trasparente, particolarmente nell'ambito del Ppp.
- L'acqua non è una merce, ma il "servizio" ha un costo. La delega della gestione alle imprese private non comporta la privatizzazione dell'acqua ma la delega di un servizio, che resta pubblico, ad attori privati secondo gli obiettivi fissati e le regole stabilite dal potere pubblico su basi contrattuali.
- Tenuto conto dell'esistenza di una frangia di popolazione povera nei paesi ricchi e, soprattutto, della grande massa di poveri nei paesi a basso reddito, la gestione socialmente accettabile dell'acqua, "bene economico", implica l'adozione di due tariffe: l'una, destinata ad assicurare il recupero accettabile

dei costi (*sustainable cost recovery*) applicabile ai meno abbienti, e l'altra rivolta al recupero dei costi totali *(full cost recovery)* per le altre categorie sociali.

- Il servizio dell'acqua è un servizio di prossimità. Al servizio locale deve rispondere una gestione locale. Ne deriva che senza consultazione con la popolazione (da notare: "consultazione") la gestione dell'acqua non può essere efficace.
- La gestione del privato non determina la perdita del possesso, nell'ambito del Ppp, da parte delle autorità pubbliche delle loro prerogative in termini di potere di decisione e di controllo.
- La gestione da parte del privato contribuisce a migliorare la qualità del servizio e la trasparenza della gestione, ed a diminuire i prezzi. Non determina la formazione di situazioni di mercato oligopolistiche, o addirittura di monopolio privato.

Il punto non è quello di dimostrare le mistificazioni sottostanti a queste tesi, tanto evidente è la loro incoerenza con la realtà in cui vivono le comunità locali, nei paesi del Nord come al Sud del mondo.

Rimane il fatto, ampiamente messo in luce questi ultimi mesi in Italia, che queste tesi sono le stesse che sono applicate e promesse, sic et simpliciter, dai dirigenti politici di maggioranza e/o d'opposizione. Ciò rende la lotta per un'altra politica dell'acqua più difficile e dura.

Nel contesto fin qui descritto, si comprende l'importanza strategica ed il potere dei negoziati dell'Omc (Organizzazione Mondiale del Commercio) per un Agcs (Accordo Generale sul Commercio dei Servizi) di cui l'apertura ufficiale è stata approvata il 31 luglio 2004 dal Consiglio Ministeriale dell'Omc.

Ricordiamo che in occasione delle prime consultazioni, l'Unione Europea ha chiesto il libero accesso ai servizi d'acqua a più di 100 paesi di cui 72 paesi "in via di sviluppo". I responsabili dell'Ue si sono sempre difesi dall'accusa di promuovere la liberalizzazione e la mercificazione dell'acqua nel mondo argomentando che la loro richiesta di liberalizzazione era rivolta ai paesi che hanno già "liberalizzato" e "privatizzato" i servizi dell'acqua (la maggioranza dei quali sono gestiti dalle imprese europee!).

Le ragioni che spingono l'Unione Europea a richiedere il libero accesso all'acqua sono del tutto evidenti: le imprese private europee costituiscono le principali e più potenti compagnie multinazionali private dell'acqua al mondo.

Nove sulle prime dieci imprese mondiali dell'acqua sono europee, la decima è l'impresa americana Bechtel, tristemente nota per le vicenda della Bolivia ed oggi molto attiva nella ricostruzione dell'Iraq, particolarmente nel campo dell'acqua. Ciò facendo, l'Ue contribuirà al rafforzamento dei processi di privatizzazione dell'acqua nei paesi poveri, conformemente alle tesi promosse dal settore privato, dalla Banca Mondiale e dal Panel Camdessus. La probabile nomina a direttore generale dell'Omc del socialista francese Pascal Lamy, ex-negoziatore all'Omc per l'Ue, non impedirà il rafforzamento dei processi di liberalizzazione e di privatizzazione dei servizi pubblici da parte della Ue perché la strategia dell'Ue è di favorire qualsiasi liberalizzazione dei servizi che possa contribuire a rinforzare il potere economico dell'Unione e dunque i suoi poteri di negoziato nei confronti degli Stati Uniti. Le priorità per l'Europa non sono e non saranno i servizi pubblici ed i diritti umani e sociali delle popolazioni particolarmente disagiate, ma i suoi interessi di potere commerciale, economico e finanziario nel quadro del crescente confronto competitivo mondiale per la sopravvivenza e la supremazia.

Conviene dunque abbandonare ogni illusione che sia possibile, nel rispetto delle regole dell'Omc, riuscire a salvaguardare i beni pubblici ed i servizi pubblici. La logica dell'Omc è commerciale. Bisogna sostituirla con delle nuove regole. Occorre creare un'architettura istituzionale differente della regolazione politica delle relazioni commerciali internazionali e mondiali, fondata su una logica di "*res publica*". Bisogna mantenere una forte opposizione all'inclusione dei beni pubblici mondiali nei negoziati Agcs.

I movimenti attivi nel campo dell'acqua devono sostenere le iniziative – come quelle intraprese da diversi enti locali (municipalità) che si dichiarano "fuori dell'Agcs" – che permettono di sottrarre alla mercificazione crescente i beni ed i servizi che sono alla base dei diritti umani e sociali.

Le stesse osservazioni valgono per la Direttiva Bolkestein

La Direttiva Bolkestein si propone di liberare l'Europa dalle pastoie amministrative ed altri ostacoli che impediscono il completamento del "mercato interno", e mira in particolare alla "libera circolazione dei lavoratori e dei servizi ai consumatori ed alle imprese". In principio i servizi pubblici non sono materia oggetto della Direttiva. Tuttavia, poiché la Direttiva assume come definizione di "servizi pubblici", i servizi resi dallo Stato "senza contropartita economica nel quadro delle sue missioni sociali, culturali e giudiziali", ogni servizio pubblico può cadere sotto l'ascendente della Direttiva perché nessuno servizio pubblico in Europa, a parte la polizia, la giustizia (avvocati esclusi evidentemente) e l'esercito, è gratuito: si pagano i bolli, si paga il treno, si pagano le prestazioni degli ospedali, si paga per entrare nelle scuole superiori, ecc.

Eccezion fatta per l'Irlanda, tutti i paesi dell'Ue dei 25 hanno dei sistemi di tariffazione dell'acqua potabile. Riguardo le acque minerali e di sorgente, sempre più bevute dalle popolazioni in sostituzione dell'acqua del rubinetto, è da tempo che sono diventate delle merci.

Uno dei tre principi fondatori della Direttiva è costituito dal principio del *"paese di origine"* secondo il quale si fa prevalere l'applicazione delle legislazioni del paese di origine del fornitore del servizio. Ciò significa che un'impresa di servizio italiano può installarsi in Polonia e fornire i suoi servizi in Italia ed altrove in seno all'Ue alle condizioni sociali e fiscali della Polonia. Parimenti, un'impresa polacca può realizzare le sue attività e può assumere dei salariati in Italia secondo le regole vigenti in Polonia. La Direttiva Bolkestein, approvata dalla Commissione europea sotto la presidenza di Romano Prodi, rappresenta l'attacco più duro finora portato al sistema sociale europeo dalla stessa Unione Europea. Ecco perché bisogna fare di tutto per impedire che sia approvata.

Come nel caso dell'Agcs, è illusorio pensare che si possa sfuggire, nell'attuale quadro delle logiche che governano le scelte politiche dell'Unione Europea, allo smantellamento dei servizi pubblici. Del resto, il trattato per una Costituzione europea non menziona più i servizi pubblici. Parla invece di "servizi di interesse generale" (SIG) e, soprattutto, di "servizi di interesse economico generale" (SIEG). C'è da attendersi che tutti i responsabili politici, anche quelli della sinistra, che oggi sono favorevoli alla privatizzazione dei servizi idrici ed accettano la mercificazione dell'acqua, da essi considerata principalmente come un bene economico, useranno la Direttiva Bolkestein – se approvata – come pretesto per accelerare i processi di privatizzazione nel loro paese. Invocheranno anche l'imperativo della competitività divenuto, secondo loro, ancor più pressante del passato in ragione del mercato unico europeo e della politica dell'Ue in favore dell'Agcs.

Se ci si augura di mantenere l'acqua nell'ambito dei beni e servizi pubblici su scala europea, bisogna cambiare gli orientamenti politici attuali dell'Ue.

Non è affare di poco conto. Insisto su questo aspetto per sottolineare che si commetterebbe un grave errore di analisi e di comprensione se si credessero sufficienti piccole riforme o riforme parziali delle attuali politiche europee di destrutturazione della "*res publica*".

Questo ci porta a menzionare alcune iniziative che contribuiranno, a nostro avviso, a dare una certa legittimità e credibilità alle forze della privatizzazione e della mercificazione, al di là probabilmente della volontà stessa dei loro promotori.

Ambiguità di due campagne internazionali

Ci riferiamo in particolare alle due campagne in corso per l'acqua, quella di Green Cross International e quella della Fondazione per una Nuova Cultura dell'Acqua. Nel settembre 2004 in occasione del Foro Mondiale delle Culture (Foro di Barcellona 2000) Green Cross International (Svizzera) ha lanciato una campagna in favore dell'adozione di una **Convenzione Globale sul Diritto all'Acqua**. Da parte sua, la Fondazione per una nuova cultura dell'acqua (Spagna) sta promovendo una mobilitazione intorno ad una **Dichiarazione Europea per una Nuova Cultura dell'Acqua**.

Le due campagne presentano numerose similarità e convergenze ma anche delle differenze e specificità proprie. La campagna di Green Cross International è imperniata, come deve essere da parte di questa organizzazione, sull'emergenza del riconoscimento del diritto all'acqua in vista di evitare i conflitti tra Stati e le "guerre dell'acqua" (il lavoro di Green Cross International sul tema dell'acqua, i conflitti e la pace resta uno dei più ricchi ed importanti realizzati su questo fronte).

La Fondazione mette invece soprattutto l'accento su un approccio centrato sull'insieme degli ecosistemi di cui l'acqua è un elemento essenziale che integra. La "nuova cultura" proposta si fonda sul postulato che non bisogna partire e lavorare sull'acqua ma sugli ecosistemi. Non ci sono legami formali tra le due organizzazioni, ma le relazioni di cooperazione sono forti. Così, per esempio, il presidente della Fondazione per una nuova cultura dell'acqua è stato membro del Comitato di programma della Conferenza di Barcellona dove Green Cross International ha lanciato la sua campagna.

Le finalità ed i contenuti delle due campagne presentano degli elementi di analisi e di proposta importanti e sotto molti aspetti vicini a quelli del Movimento per il Contratto Mondiale dell'Acqua. Perché, malgrado ciò, si può affermarsi che entrambi portano acqua al mulino delle attuali politiche e rinforzano le scelte dei dirigenti europei e mondiali in materia di acqua, al di là delle reali differenze e sfumature?

Secondo i suoi promotori, la **Convenzione Globale sul Diritto all'Acqua** (in seguito "Convenzione") è destinata ad essere firmata dagli Stati, pragmatismo è d'obbligo. Ora, pur volendo mettere da parte la considerazione che in particolare i popoli del Sud del pianeta ne hanno abbastanza dei trattati solennemente firmati e poi sistematicamente disattesi, gli Stati dimostrano – come si è visto nelle sezioni precedenti – che essi non hanno nessuna intenzione di assicurare la concretizzazione dell'accesso all'acqua per tutti a livello mondiale nell'arco dei prossimi 20-30 anni e soprattutto quando affermano che il loro obiettivo a lungo termine è di permettere l'accesso universale all'acqua. Se si riconosce, come fa la Convenzione, che gli Stati devono custodire la sovranità nazionale sulle risorse idriche, è evidente che gli Stati si limiteranno, tutto al più, ad affermare unicamente la loro responsabilità nei confronti dell'accesso all'acqua per tutti gli abitanti del loro paese, come sostiene, in modo coerente, il governo canadese. La Convenzione sottoscrive inoltre, interamente agli Obiettivi, riduttivi, del Millennio per lo Sviluppo. Non si capisce quindi, che cosa la Convenzione porta come valore aggiunto, sul piano politico ed etico, rispetto ai principi ed alle proposte delle Nazioni Unite.

Il principio della "sovranità nazionale" sull'acqua difesa dalla Convenzione è, peraltro, inaccettabile perché esclude, fin dalla partenza, l'idea che l'acqua possa e debba essere trattata e gestita essenzialmente come un "bene comune mondiale", patrimonio universale sottoposto alla responsabilità dell'umanità e, dunque, che debba essere sottomessa ai principi e regole mondiali di condivisione, di solidarietà, mutualità e cooperazione, che la sovranità nazionale non permette. Questa ultima non favorisce infatti neanche la costituzione di istituzioni politiche mondiali atte a governare l'acqua nell'interesse di tutti gli esseri umani e della vita sul pianeta.

A questo riguardo, va sottolineato che la Convenzione riprende acriticamente il concetto di "governance" di cui, ormai, la scolastica dominante parla in ogni contesto. La "governance" viene proposta in tutte le salse, e per tutti i problemi, perché le forze politiche, economiche e scientifiche al potere hanno deciso di imporre questo metodo in ogni posto e luogo di "governo", lì dove si vuole sbarazzarsene, il più rapidamente possibile, secondo i due detti in voga negli Stati Uniti e nel Regno Unito, a partire dagli anni '80: "governando senza governi" e "il governo non è la soluzione ai vostri problemi, governare non è il problema".

La tesi dei dominanti è di dire che l'accesso all'acqua, nella quantità e qualità necessarie ed indispensabili alla vita, non può essere "gratuita", vale a dire che i costi necessari per garantire questo accesso siano presi in carico dalla collettività. Essi sostengono che l'accesso all'acqua deve essere garantito ad un prezzo accessibile (il richiamo è alle tesi di Camdessus e della società Veolia). La Convenzione, sostiene anch'essa che l'accesso all'acqua in quanto diritto universale deve essere assicurato a tutti ad un "prezzo accessibile". Ecco allora un secondo elemento rilevante, per quanto riguarda il finanziamento dell'acqua per tutti, è quello che la Convenzione è allineata sugli stessi principi e proposte del rapporto Camdessus, con alcune sfumature.

La Convenzione adotta infatti la distinzione, cara al mondo dell'impresa e della finanza, fra, da una parte l'acqua potabile per la vita, che deve essere oggetto del diritto universale e, dall'altra parte, quella dell'acqua per la produzione e gli usi in agricoltura, nell'industria, per l'energia, i cui servizi è previsto che devono essere l'oggetto delle regole economiche nella cornice, sottinteso, dell'economia capitalista di mercato (in nessun caso, la Convenzione mette in questione l'economia capitalista di mercato).

Poiché il 90% dei prelevamenti mondiali di acqua dolce sono fatti per le attività di produzione e solamente il 10% per l'acqua potabile, la Convenzione si applica logicamente unicamente alla "gestione" del 10% dei prelevamenti, il resto sfugge automaticamente alla sua cornice di intervento. Questo va contro non solo il principio tanto affermato, dalla stessa Convenzione, ma anche, contro la necessità di una politica integrata dell'acqua ma anche rispetto all'urgenza di una politica di cambiamento profondo dell'attuale gestione dell'acqua per la produzione che è alla base e all'origine della grande crisi idrica contemporanea.

La **Dichiarazione Europea per una Nuova Cultura dell'Acqua** (qui di seguito "Dichiarazione") è il frutto di un gruppo di esperti impegnati sul problema della gestione dell'acqua e dell'ambiente messa insieme per iniziativa di Pedro Arrojo, presidente della Fondazione per una nuova cultura dell'acqua ed animatore principale della lotta, finora efficace, contro il Piano Idrogeologico Nazionale del governo spagnolo, appoggiato originariamente dalla Commissione europea. Tra i redattori e promotori della Dichiarazione è possibile identificare anche Bernard Barraqué uno specialista della politica europea dell'acqua, esperto che rappresenta il governo francese in materia di acqua negli ingranaggi della Commissione europea ed in seno all'Unesco.

La Dichiarazione afferma la necessità di promuovere una "nuova cultura dell'acqua" per la quale prevede essenzialmente tre cose: passare da una cultura di dominio della natura ad un governo saggio e prudente della natura; abbandonare la gestione dell'acqua vista come risorsa sempre più rara e sviluppare una gestione duratura dell'acqua in quanto ecosistema (cioè passare dalla strategia dell'offerta ad una strategia dell'ecosistema, definito in termini di bacini); ed infine, promuovere una gestione "locale", partecipativa, comunitaria, (dove per "comunità" si intende soprattutto la "regione") sotto la responsabilità pubblica. Si tratta di principi e di finalità largamente condivisi e promossi da parte di tutti quelli che si battono da diversi anni contro la devastazione della natura, per la conservazione e la valorizzazione dell'acqua in quanto "bene comune" pubblico e patrimonio universale, contro le logiche commerciali e produttivistiche oggi predominanti.

Uno dei punti centrali ed interessanti della Dichiarazione riguarda la distinzione che essa propone tra, in primo luogo, "l'acqua per la vita di base" che, per la Dichiarazione, appartiene al campo del "diritto umano" e la cui gestione e finanziamento non dovrebbero essere, di conseguenza, lasciati alla responsabilità del settore privato; in secondo luogo, l'acqua per uso di "interesse generale" delle comunità, che giustifica il diritto collettivo all'acqua della comunità per gli usi socialmente ed ecologicamente utili e rispettosi dell'ecosistema. Infine, l'acqua per gli affari, per le attività produttive, per gli interessi individuali ed il profitto, sottomessa alla gestione secondo i principi della razionalità economica (abbiamo, beninteso, utilizzato la terminologia usata dalla Dichiarazione). Questa distinzione, sostenuta anche dal Contratto Mondiale dell'Acqua, è essenziale perché è indispensabile per concepire e mettere in pratica una politica pubblica integrata dell'acqua in quanto politica di vita e del vivere insieme alla base delle comunità umane a livello locale e mondiale. Forse conviene sottolineare che la Dichiarazione non va tanto lontano da ciò che abbiamo appena detto, come si vedrà di seguito.

"Il limite della Dichiarazione è che non va cosi lontano come dovrebbe andare in coerenza con le tesi sostenute. In realtà, l'obiettivo esplicito della Dichiarazione è quello di aiutare a fare applicare e di migliorare la Direttiva Quadro Europea (Dqe) in materia di acqua del 2000. Secondo gli autori della Dichiarazione, questo obiettivo si giustifica perché la direttiva europea si fonda sugli stessi principi di base promossi dalla Dichiarazione per una "nuova cultura dell'acqua". Inoltre, essa integra un insieme di misure che esprime bene l'essenza del modello europeo di gestione dell'acqua. Per questo, il secondo obiettivo perseguito dalla Dichiarazione è quello di promuovere in Europa ed al di fuori dell'Europa in seno al mondo scientifico e politico una presa di responsabilità coerente con le finalità della Direttiva Quadro Europea.

La Dichiarazione è stata inviata alla Commissione europea, al Parlamento europeo e ai governi dell'Unione Europea così come alle altre istituzioni internazionali ed ai governi del mondo.

Si resta piuttosto sorpresi per l'apprezzamento estremamente positivo che i promotori della Dichiarazione fanno della Direttiva europea. Questa è certamente una delle disposizioni legislative esistenti, in materia di qualità dell'acqua, tra le più avanzate sul piano dei principi am¬bientalisti. Lo stesso non si può dire delle regole di applicazione e di altre misure di natura economica e politica. La Direttiva, per esempio, è piuttosto debole e, addirittura, secondo certi, lassista, in materia di limiti e di penalizzazioni degli usi dell'acqua non rispettosi della Direttiva stessa. Essa è anche molto poco incisiva sui mezzi concreti da mettere in opera per favorire la partecipazione reale del cittadino alla gestione dell'acqua, di cui la Direttiva si dice promotrice.

SSul piano economico, la Direttiva fa sua l'applicazione del principio della tariffazione fondata sul recupero dei costi totali di produzione, ciò che implica l'adesione pura e semplice alla logica dell'offerta e della domanda proposta dall'economia capitalista di mercato. Peraltro, visto il sostegno incondizionato dato alla Direttiva, non si comprende come la Dichiarazione possa diventare il modello di base della cosiddetta "nuova cultura dell'acqua": le politiche dell'Unione Europea, in alcuni settori di un'importanza determinante per la gestione dell'acqua, come la politica agricola (una vera catastrofe per l'ambiente naturale e l'acqua), la politica commerciale (un'onda enorme in favore della mercificazione dell'acqua), la politica del mercato interno (con le sue gravi derive in favore della deregolamentazione e della privatizzazione dei servizi pubblici) gettano una luce negativa sul modello europeo di gestione dell'acqua e degli ecosistemi.

Il legame – non giustificato – che la Dichiarazione stabilisce tra la Direttiva ed il "modello europeo di gestione dell'acqua" è sorprendente per tutto ciò che lascia nell'oblio totale. Far credere che la Direttiva europea è "buona" perchè riflette il modello europeo di gestione dell'acqua e che, quindi, il modello europeo è buono e deve essere promosso non solo in Europa ma anche nel mondo, significa far passare sotto silenzio il fatto che il "modello europeo" di gestione dell'acqua all'inglese (privatizzazione totale dei servizi) e soprattutto quello francese (finanziamento di base per lo Stato, gestione a livello dei bacini a favore delle collettività locali, delega dei servizi al settore privato, partecipazione dei cittadini) sono all'origine della espansione dei processi di privatizza¬zione e di mercificazione dell'acqua attraverso il mondo.

I movimenti europei attivi nel campo dell'acqua dovrebbero essere gli ultimi ad essere i "venditori" (i promotori) del modello europeo di gestione dell'acqua e ad esprimersi in favore della sua generalizzazione al resto del mondo!

Il fatto che la Dichiarazione spinga in questa direzione si spiega, probabilmente, per un'altra importante debolezza alla base della proposta di "Nuova cultura dell'acqua" che la Fondazione porta avanti. Intendiamo riferirci all'apparente neutralità della Dichiarazione rispetto alla privatizzazione dei servizi di distribuzione dell'acqua e di trattamento delle acque reflue.

La Dichiarazione espone gli argomenti a "favore" e quelli "contro" la privatizzazione ma non prende posizione netta. Riparandosi dietro la tesi che il mondo scientifico è diviso su questo argomento, essa se ne esce proponendo di avviare un ampio dibattito pubblico sulla materia che potrebbe condurre, se del caso, anche ad un referendum sul problema. Ora ci sembra che non ci siano ragioni politiche, economiche e sociali per non prendere posizione. La privatizzazione dei servizi idrici e dell'acqua, ivi comprese le forme di partnership pubblico-privato e della delega del servizio al privato, sono modalità contrarie al principio dell'acqua "bene comune pubblico", patrimonio universale che appartiene alla vita ed all'ecosistema.

La Dichiarazione non prende posizione perché i suoi autori pensano che ciò che conta non è sapere chi gestisce ma se la gestione risponde o no ai principi di una sana gestione degli ecosistemi. Se la gestione privata assicura tale gestione e permette ai poteri pubblici ed ai cittadini di mantenere la re¬sponsabilità ed il controllo effettivo sulle pratiche e le modalità della gestione dell'acqua, gli autori della Dichiarazione non vedono ragioni per opporsi. Veolia, Suez, Thames Water, Rwe, Coca-Cola, non la pensano in maniera molto diversa.

La Dichiarazione cade, inoltre, in un'altra ambiguità. Essa viene proposta come il frutto della elaborazione di scienziati, pretendendo così di essere ispirata da un percorso di riflessione scientifica e non "sociale", "militante", "movimentista".

Pur tuttavia i suoi promotori si richiamano ai principi della mobilitazione dei cittadini e dei responsabili politici. Inoltre, niente giustifica una tale appropriazione di scientificità da parte di un testo che è legittimamente, come ogni altra dichiarazione di questo tipo, una presa di posizione politica. Pretendere di fare passare delle scelte politiche sotto la copertura di un trattato scientifico, costituisce una tra¬sformazione troppo audace. Certo, cosi com'è la Dichiarazione può incontrare facilmente il consenso delle forze politiche, economiche e sociali dominanti, di quelle al potere nell'Unione Europea. Queste troveranno nella Dichiarazione un'utile legittimazione scientifica delle scelte che hanno fatto questi ultimi anni, in materia di acqua e di beni e servizi pubblici.

Impegni di lotta

Le strade da percorrere nel 2005 sono, dunque, molteplici e difficili, e ancora più importanti ed impegnative sono le motivazioni alla base delle azioni da intraprendere. C'è da sperare che il Foro Sociale Mondiale di Porto Alegre (gennaio 2005) possa dare un colpo vigoroso alla nascita di alleanze efficaci fra tutti i movimenti impegnati, nei differenti contesti del pianeta, nel campo dell'acqua. È tempo, infatti, che i responsabili e gli animatori del Forum riescano a proporre che l'enorme capitale di idee, di proposte, di energie e di azioni – che rappresentano l'insieme dei gruppi, associazioni, organizzazioni, sindacati che fanno parte e si ritrovano nel Fsm – sia orientato intorno a due o tre grandi obiettivi prioritari, dando vita ad un coordinamento di azioni comuni su basi continentali e mondiali per i prossimi due/tre anni e, in particolare, che l'acqua sia uno di questi obiettivi. L'educazione potrebbe essere un secondo obiettivo unitario.

Per noi del Contratto Mondiale dell'Acqua, il Fame 2005 (il 2° Forum Mondiale dell'acqua) di Ginevra (marzo 2005) costituisce il luogo di incontro intorno al quale e durante il quale le azioni intraprese nei nostri rispettivi paesi sui diversi settori di intervento dovranno trovare un momento di visibilità, di coerenza e di prospettiva. Infine, occorrerà saper pervenire alla definizione ed elaborazione dettagliata di una nostra concezione alternativa a quella ingegneria politica e tecnica per il finanziamento dell'acqua e, su questa base, condurre una opposizione sistematica all'adozione delle misure proposte da Camdessus per le autorità locali, nazionali ed internazionali, provando a far approvare le proposte che saranno definite a Fame 2005 e, in particolare, dal gruppo di lavoro "Acqua bene pubblico, finanziamento pubblico".

Un'azione di mobilitazione su questo argomento nei confronti dei Parlamentari europei potrebbe rivelarsi particolarmente fruttuosa.

Nella stessa prospettiva, si renderà necessario rinforzare l'azione di sensibilizzazione e di educazione "popolare" nel mondo sull'inaccettabilità degli "Obiettivi del Millennio per lo Sviluppo" e la non pertinenza del "Secondo Decennio Internazionale per l'Acqua". I movimenti dell'acqua non possono far propria la logica dell'abbandono dell'obiettivo dell'accesso all'acqua per tutti entro il 2020.

I movimenti e le forze impegnate a difesa dei diritti umani dovrebbero esaminare l'opportunità di riunire nel maggio del 2005, un seminario europeo delle riviste, giornali ed altri media alternativi a partire dal gruppo di *Le Monde diplomatique, Carta, Ecologist*, per una valutazione rigorosa – e delle proposte alternative – degli Obiettivi del Millennio e del Decennio dell'acqua. Si potrebbe verificare la disponibilità dell'Università del Bene Comune, delle Facoltà dell'acqua e della Facoltà della mondializzazione, per l'organizzazione scientifica del seminario.

Si potrebbe, in seguito, presentare i risultati del seminario ai membri del Parlamento europeo, del nuovo Parlamento panafricano e del Parlatino (paesi dell'America latina).

Forti della legge adottata dal parlamento olandese nel settembre dello scorso anno, che vieta la privatizzazione dei servizi di distribuzione di acqua, e della vittoria ottenuta nel referendum di ottobre 2004 in Uruguay dagli oppositori alla privatizzazione, occorrerà accentuare la nostra pressione sugli eletti e gli amministratori locali in Italia.

Ovunque sarà possibile bisognerà intervenire per fermare il Ppp e le altre forme di privatizzazione dei servizi di acqua, per riportare l'acqua nel campo dei beni pubblici, dal locale al mondiale, per costituire ovunque dei consigli dei cittadini per l'acqua, per creare un servizio europeo pubblico dell'acqua, per la costituzione di una Autorità mondiale dell'acqua.

È importante quindi lavorare per costruire insieme, nell'autunno del 2006, la 1ª Assemblea Mondiale degli Eletti e dei Cittadini per l'Acqua.

Il tempo di misurarsi con la politica La lotta continua

Emilio Molinari*

Tempo fa, si diceva: *questo è solo l'inizio, la lotta continua.*

Oggi questo slogan potrebbe essere applicato tranquillamente alla battaglia dell'acqua in corso in Italia e nel mondo.

Sei anni di lavoro, lezioni in scuole ed università, convegni, seminari, confronti con le istituzioni, e la questione della privatizzazione dei servizi idrici, dell'imbottigliamento del diritto a bere, e del destino dei fiumi e delle sorgenti, in una parola la questione dell'acqua, si è trasformata da questione "culturale" a movimento sociale nazionale articolato per regioni e città, che porta la gente "normale" a protestare con le istituzioni e intellettuali e uomini di spettacolo a produrre opere e lanciare messaggi. Un soggetto sociale e politico che apre vertenze con le istituzioni locali e si prefigge di aprirle razionalmente con l'organizzazione del Forum italiano sull'acqua del 10 marzo a Roma, dove si riuniranno tutte le realtà e tutte le associazioni che appoggiano le lotte dell'acqua.

La lotta è diventata uno scontro politico tra Movimento, istituzioni e partiti, è entrata nei confronti e nei programmi elettorali, ma soprattutto si comincia a creare una diffusa coscienza che attorno a questo problema e, più in generale, a quello dei Beni Comuni, si tracciano gli orizzonti di una nuova cultura politica, profondamente calata nei problemi del nostro tempo; si rifonda la politica che altrimenti si degrada. Per questo io credo che siamo solo all'inizio e la lotta continua.

È il tempo, quello in cui viviamo, dell'esaurimento delle risorse fondamentali, dei grandi Beni Comuni: l'acqua, i combustibili fossili, le foreste, la biodiversità. È il tempo della loro mercificazione universale. È il tempo della crisi della democrazia, della politica che si privatizza, del formarsi di oligarchie che abbattono i confini tra politica e mercato.

Ecco perché un movimento che intende oggi farsi soggetto politico, si carica automaticamente di grandi responsabilità. La responsabilità di costruire il movimento italiano dell'acqua e portarlo a misurarsi con la politica a tutti i livelli.

E qui nasce il problema, perché non è chiaro cosa significhi assumere questo impegno. Ognuno è legato alle proprie vecchie concezioni del rapporto movimenti–politica e spesso in queste si è ritagliato le proprie referenzialità e sembra difficile che possa cambiare.

Dobbiamo, invece, dire che l'Acqua, i Beni Comuni, ecc. non sono semplici rivendicazioni sindacali, sono una *rivoluzione*. Culturale certamente, ma una rivoluzione, che implica una nuova concezione del diritto, dello sviluppo, dell'economia, della democrazia, della comunità, persino della geografia politica. E se tutto questo è vero, allora le lotte dell'acqua in Italia sono arrivate ad un punto in cui non è più possibile liquidare il rapporto con la politica con approcci del tipo: dalla politica è bene stare lontani… usarla, ma solo strumentalmente. Non funziona più, anche perché fino a prova contraria i partiti, il parlamento, le elezioni, sono la democrazia, da rendere partecipata, da rivoluzionare: è l'unica cosa che c'è…

L'idea delle lobby che elemosinano la firma ai politici su questo o quel contenuto ha fatto il suo tempo e forse non c'è mai stato un suo tempo. L'idea del movimento che cresce e preme sulla politica, non basta più e lo vediamo in Bolivia, in Uruguay, ma anche in Italia. Quando il movimento si ferma, perché se è un movimento vero è fatto di uomini con i loro bisogni quotidiani, allora la politica se non è rifondata si riprende tutto…

Se l'acqua è una narrazione globale allora deve invadere la politica, conquistarla, deve rendere la propria presenza nella politica, stabile, continua, attiva, partecipe dei percorsi strategici, delle tappe istituzionali. E nel nostro paese siamo giunti a questo punto. Il processo di privatizzazione si è fermato. Si è arenato, nella decisione pugliese di dare la presidenza dell'acquedotto a Riccardo Petrella e nelle recenti decisioni di due principali città: Napoli e Milano. Si è bloccato per il movimento e per la decisione di una parte della politica, in particolare Rifondazione Comunista, conquistata dalle idee del Contratto Mondiale e che in qualche modo ha inciso nei rapporti interni del centro-sinistra italiano. Ora siamo ad un bivio, le gestioni delle Spa totalmente pubbliche e di quelle *in house* sono soggette a continui ricatti, ecc. Si tratta di dar vita al processo di ri-pubblicizzazione, ma questo implica mutamenti legislativi sostanziali, occorre riordinare tutta la normativa sull'acqua che per effetto dello stesso scontro politico è ormai caotica e incomprensibile, *si tratta di porre la questione del governo complessivo dell'acqua, di una politica internazionale solidale dell'acqua, ecc.* Implica certamente e soprattutto un forte movimento di lotta, fatto di persone, di sindacati, di comitati civici, come a Napoli, nel Lazio, in Toscana, dove governa lo zoccolo duro della privatizzazione. Vuol dire portare la battaglia politica in regioni come l'Emilia e la Liguria, dove tutta la società sembra ormai normalizzata. Occorre far convergere la dimensione delle lotte alla privatizzazione a quelle in difesa del bene, dall'inquinamento e dall'abuso, dal tipo di agricoltura e di industria… Ma *occorre più che mai, anche una forte presenza politica in parlamento, negli enti locali e addirittura nella maggioranza del futuro governo se sarà di centro-sinistra.* Per porre queste questioni e per resistere ai tentativi di ritorno alle privatizzazioni, per avere posizioni forti negli appuntamenti delle istituzioni internazionali, per l'uscita dell'acqua dal Wto ecc. Nel dibattito nel Movimento, il Contratto Mondiale ha da tempo posto alcuni embrioni di strategia politica ed istituzionale in questo senso.

Quando abbiamo posto la questione dell'Associazione degli eletti dell'acqua, noi ci siamo impegnati a dare vita ad un'area politica e istituzionale forte, militante nelle idee, capace a sua volta di reclutare, di fare politica, di iniziative autonome. Incidere nelle scelte del parlamento e del governo italiano assieme ai movimenti.

Questo è un nodo strategico del rapporto Movimento-politica. È un *passaggio obbligato per le lotte dell'acqua*, ma si capisce che i ritardi nel movimento su questo nodo culturale sono piuttosto pesanti e toccano diverse anime e culture compreso quella del Contratto che pure l'ha posta per primo.

Il Movimento, purtroppo, sembra fermo all'estremistico rifiuto delle politica, all'opportunismo dell'usarne le risorse, non riesce a darsi quella immagine radicale nei contenuti e seria nei comportamenti che è il connotato distintivo del Contratto Mondiale, si alimenta di linguaggi avanguardistici d'ogni tipo, cerca lo spettacolo, la provocazione mediatica, piuttosto che i percorsi del convincimento, ma *l'esperienza dell'acqua è di tutt'altra natura e dobbiamo dialogare, dobbiamo affrontare i nodi di fondo e portarli nel movimento, per crescere assieme, per non separarsi.*

D'altronde alcuni temi per il confronto ci sono e sono esperienze già in atto in situazioni reali. Noi ci siamo dati appuntamento a dicembre 2006 per portare a Bruxelles una forte rappresentanza di eletti italiani, europei, latinoamericani, africani, asiatici, per farli incontrare con i movimenti, per dare vita a forme permanenti ed operanti di coordinamento: *l'osservatorio europeo e latinoamericano sull'operato delle multinazionale europee.*

Come intendiamo portarlo avanti?

Abbiamo tre gambe su cui operare, Il movimento, la politica, i governi. E obiettivi che le coinvolgano tutte e tre.

La questione della fiscalità generale, in contrapposizione al taglio delle tasse e all'aumento delle tariffe, diventa tutt'uno con una vera politica di risparmio idrico. Presuppone riprendere con forza la questione dei 40 litri per persona al giorno come diritto minimo garantito, seguito dalla fascia progressiva ai consumi e dalla terza che prevede di colpire l'abuso.

Possiamo cominciare sull'onda di leggi regionali o piani d'ambito, tentare di sperimentare questa prospettiva, così come possiamo sperimentare su larga scala la istituzione di un democratico e partecipato fondo di solidarietà verso i popoli privi dell'accesso all'acqua, attraverso un centesimo di euro per metro cubo di acqua erogata, al quale affiancare la questione dei portatori d'acqua di cui parla Danielle Mitterrand. Noi del Comitato Italiano proponiamo che l'attestato di portatore sia dato non solo attraverso una firma, ma attraverso la partecipazione alla raccolta di fondi nelle scuole, negli uffici, nelle strade, la cui destinazione sarà concentrata su tre progetti importanti anche politicamente, in Asia, in Africa, in America Latina, decisi dai movimenti che hanno sostenuto la raccolta.

E ancora... il Movimento si può avvalere del processo in atto di aggregazione in una federazione delle aziende pubbliche che non intendono privatizzare per decidere la politica economica e tariffaria che possono esprimere, i livelli di partecipazione, che possono sperimentare lo scambio culturale, che possono dar vita a scambi con le aziende del sud del mondo, povere di conoscenza ma ricche di partecipazione.

Percorsi che chiedono di essere sorretti dai movimenti, che danno idee ai movimenti per muoversi, altrimenti si bloccano sull'aumento delle tariffe, sacrosanta lotta, ma che muore, priva di respiro e continuità.

Abbiamo da tessere le relazioni della rete internazionale dei movimenti dell'acqua, senza corse alla primogenitura, dobbiamo esserne parte come Movimento Italiano, come soggetto riconosciuto per le proposte che fa, per la politica che influenza, per le istituzioni che orienta, proteso a formare il Movimento Mondiale dell'Acqua. A Caracas abbiamo messo su qualche buon mattone.

Voglio chiudere perciò con una prospettiva alta, forse troppo alta, e con una domanda: è così impossibile pensare, agire e progettare al fine di far dichiarare a questo mondo che entro pochi anni fare dell'acqua un mercato sia considerato illegale in tutto il pianeta?… è impossibile?… La lotta continua.

*** Presidente del Comitato Italiano per il Contratto Mondiale dell'Acqua.**

Conclusione

Le tre sfide della rarefazione, petrolizzazione e coca-colizzazione

Riccardo Petrella

Elemento vitale il più determinante tra tutti, al pari dell'aria e dell'energia rappresentata dal Sole, l'acqua è oggi al centro dell'agenda politica per quanto riguarda la questione del diritto alla vita per tutti e della sostenibilità della vita sul Pianeta. Lo è per tre motivi principali.

Rarefazione

Anzitutto, perché le società umane ne stanno distruggendo, in quantità e qualità, la disponibilità per usi umani. Come è noto, l'acqua disponibile ed accessibile a fini potabili, irrigui, industriali e per attività terziarie di vario genere, è sempre meno abbondante. La rarefazione crescente dell'acqua rappresenta un dato nuovo della condizione umana di questi ultimi trenta anni. Finora, lo "stress idrico" legato alla scarsezza di risorse idriche (meno di 1.700 metri cubi pro capite per anno per tutti gli usi) è stato l'appannaggio, sfortunato, delle regioni semi-aride ed aride del pianeta. Non è più cosi. Regioni "ricche" in acqua dolce, si sono confrontate in maniera crescente a situazioni di scarsezza, specie sul piano qualitativo.

Quel che sta diminuendo – ma il processo è reversibile – è la quantità d'acqua dolce disponibile per usi umani. Ma non è detto che l'acqua dolce debba definitivamente diminuire. Tutto dipende dalla nostra maniera di governarla e di utilizzarla.

Invece, oggi, non si contano più, attraverso il pianeta:

- I casi di abbassamento dei livelli medi delle falde e del loro inquinamento. Le situazioni più clamorose e preoccupanti sono quelle degli Stati Uniti, della Cina e dell'India. A causa dei prelievi eccessivi, sconsiderati ed anarchici, operati negli ultimi cinquanta anni, questi paesi (più di 2,6 miliardi di persone) dovranno fronteggiare dei gravi problemi di approvvigionamento idrico. L'americano medio "consuma" 800 litri d'acqua potabile al giorno (l'italiano, il cui consumo è tra i più alti in Europa, quasi 300 litri). Si tratta di un consumo irresponsabile, di un vero e proprio crimine collettivo perpetrato nei confronti di un bene naturale essenziale ed indispensabile alla vita. Ora, i dirigenti degli Stati Uniti hanno ripetutamente affermato, negli ultimi anni, che non hanno alcuna intenzione di modificare il loro modo di consumo perché "*the American way of life is not negotiable*". Ora, più le falde sono inquinate più si è portati a pompare l'acqua da falde più profonde e più i prelievi rendono l'acqua più cara e, quindi, d'accesso più limitato ed esclusivo.

- I fiumi, il cui volume di flusso si è ridotto in maniera talvolta irreversibile tanto da non portare più l'acqua al mare. Fra i primi è stato il Colorado, poi v'è lo YenTse. In Italia il Piave "non mormora più" ed al ritmo dei prelievi degli ultimi cinquanta anni, il Po rischia di trovarsi a secco verso il 2040. Non parliamo dell'inquinamento. Quasi tutti i fiumi del continente indiano sono fortemente inquinati. Secondo una analisi del 2004, l'88% delle acque di superficie in Francia rivelano la presenza di sostanze tossiche in quantità superiori ai livelli ammessi.
- Le devastazioni dei laghi: il livello del Trasimeno è sceso di 1,70 metri. Il lago-mare di Aral è quasi sparito. Il Mar Morto ha perso più del 30% della sua superficie cosi come sta succedendo per il lago Tanganica. Il Ciad è stato già ridotto di due terzi. I Grandi Laghi dell'America del Nord sono stati pesantemente contaminati: ci vorranno da due a tre generazioni di sforzi considerevoli per sperare di riportare in essi una vita normale.
- I ghiacciai, che si riducono, vuoi spariscono, a causa del riscaldamento medio generale dell'atmosfera. Un rapporto dell'International Panel on Climatic Change pubblicato agli inizi del 2006 indica che il 70% del continente bianco del Polo Nord rischia di sciogliersi al 2080 se misure drastiche ed efficaci non sono prese fin da subito per correggere radicalmente il corso degli eventi.

Al ritmo attuale delle cose, il Programma delle Nazioni Unite per l'Ambiente ha stimato che nel 2032 il 60% della popolazione mondiale vivrà in regioni a forte penuria d'acqua. Il che significa che fra 25 anni più di cinque miliardi di esseri umani rischiano di essere privati di un accesso adeguato, sufficiente e regolare all'acqua potabile sana ed ai servizi sanitari. Per essi il diritto alla vita sarà pura retorica.

La rarefazione non è però un processo irreversibile: si può arrestarlo e far si che l'acqua potabile sia disponibile in quantità e qualità minima sufficiente per garantire il diritto alla vita per tutti gli abitanti del pianeta e le generazioni future. La sfida è grande, vista l'opera di devastazione che gli uomini hanno fatto dell'acqua per usi umani.

Petrolizzazione

Diventata rara e destinata, secondo i gruppi socio-economici dominanti, specie dei paesi ricchi, a diventarlo ancora di più in avvenire, l'acqua è oramai considerata dappertutto come un bene economico, prezioso, una risorsa strategicamente importante per la sicurezza nazionale (idrica e, quindi, agricola, industriale, energetica...), come il petrolio. Da bene rinnovabile, l'acqua è stata ridotta ad una risorsa esauribile pur continuando – grazie al ciclo dell'acqua – ad essere rinnovata!

Il che è paradossale, perché l'acqua dolce sul pianeta non è diminuita né può essere ridotta o distrutta. Duecento milioni di anni fa la quantità d'acqua era la stessa di oggi, come lo sarà fra un miliardo di anni.

Come il petrolio, è diventata un bene patrimoniale "nazionale" sottomesso al principio della sovranità nazionale, senza condivisione possibile. Tutti gli Stati si considerano sovrani dell'acqua esistente sul loro territorio e pensano che è lecito, se necessario, vendere l'acqua ai paesi che ne hanno bisogno. L'acqua è oramai ridotta ad una merce e non solo l'acqua per l'agricoltura o per l'industria. Per questo, la grande maggioranza degli Stati membri del Wto (*World Trade Organization* – Organizzazione Mondiale del Commercio) e in particolare i paesi dell'Unione Europea, spingono fortemente in favore della liberalizzazione mondiale e della deregolamentazione dei servizi idrici pretendendo, per difendersi dalle giuste accuse di mercantilismo e di privatizzazione del bene comune mondiale che è l'acqua, di vendere e di far pagare non l'acqua ma i servizi ad essa legati (la captazione, la potabilizzazione, la distribuzione, la depurazione delle acque reflue...). Il che è pura mistificazione.

Invece di essere trattata, come è stata trattata in tutte le culture e civiltà del mondo, come la principale "fonte di vita" per tutti e, per questo, veicolo di fratellanza e di pace (non è forse vero che in alcune società "tradizionali", in Africa, per esempio, la prima cosa che si offre ad uno straniero è un bicchiere d'acqua in segno di rispetto e di accoglienza?), l'acqua è oggi vissuta come un fattore di crisi e di conflitti tra usi concorrenti, regioni e paesi appartenenti allo stesso bacino. Da anni, l'opinione diffusa popolare consiste nel pensare che se il secolo XX è stato il secolo delle guerre per il petrolio, il XXI secolo sarà – si dice come se ciò fosse inevitabile – il secolo delle guerre per l'acqua. Strana visione del divenire del mondo!

Ancor più che nel passato, le nostre società stanno applicando il senso proprio del termine "rivalità" il quale indica che il "rivale" è colui che sta sull'altra riva del fiume! Oggi, a partire dall'acqua, siamo diventati tutti degli abitanti dell'altra riva e quindi nemici potenziali. Il primato dato all'imperativo della competitività secondo il quale quel che è conta è essere migliore, più forte dell'altro, per sopravvivere, rappresenta una conferma lampante della cultura della rivalità che impregna la concezione della vita e del mondo nelle società contemporanee. In questa concezione non v'è posto per il diritto universale alla vita.

In siffatto contesto, la "petrolizzazione" dell'acqua è all'origine dell'ondata di **privatizzazione** che ha scompaginato nel corso degli ultimi venti anni l'assetto legislativo, economico e culturale del "governo" dell'acqua nei paesi occidentali, così come anche in Africa, Asia ed America latina attraverso il principio di condizionalità in favore della privatizzazione imposto dalla Banca Mondiale e dal Fmi a tutti i paesi richiedenti prestiti finanziari.

La privatizzazione dell'acqua significa che il potere di decisione e di controllo in materia di allocazione delle risorse materiali ed immateriali disponibili per l'uso e la valorizzazione del bene acqua è trasferito dai poteri pubblici a soggetti privati la cui legittimità risiede nel fatto che essi possono e devono perseguire l'ottimizzazione dei loro interessi particolari.

"Cocacolizzazione"

Infine, terza sfida alla vita. Assistiamo, a partire dagli ani '70, ad un fenomeno forte di mercificazione dell'acqua per bere, sia al Nord che nei paesi poveri del Sud. Secondo le inchieste condotte in Europa e nell'America del Nord, una maggioranza crescente afferma di non usare più, per bere, l'acqua di rubinetto ma acqua minerale e/o di sorgente in bottiglia. È un fenomeno facilmente constatabile se si guarda al boom delle marche, in quantità e varietà, di acque minerali in bottiglia e di acque demineralizzate commercializzate nei supermercati giganti delle grandi società mondiali di distribuzione.

Se la tendenza si conferma nei prossimi anni, il rischio grande è che, fra poco più di una generazione, l'acqua di rubinetto – per la cui elevata potabilità si continuano ad investire annualmente somme considerevoli di denaro pubblico – non sarà più utilizzata per usi nobili (bere ed igiene) ma per usi non nobili (toilette, lavatrice, lavastoviglie, docce, pulizia della casa). Essa sarà sostituita dall'acqua minerale e/o di sorgente in bottiglia, in un contesto di grande diversificazione di "prodotti commerciali" (l'acqua in bottiglia per i neonati, per gli anziani, per le donne in stato di gravidanza, per le donne giovani, per gli sportivi, per viaggiare in automobile o per il trekking, per i giovani scolari, per gli amatori delle bollicine blu, rosa, verdi, o di sapori forti…).

L'acqua per bere è già un prodotto di mercato in confezioni di plastica dai 25, 33 e 50 cl al litro e mezzo per passare ai famosi boccioni da 5 a 15 litri. L'acqua per bere è come la Coca-Cola, la si trova nei distributori automatici di bevande dolci e gassate in tutto il mondo. Tra l'altro, l'acqua in bottiglia della Coca-Cola, la "purificata" Dasani, è l'acqua in bottiglia più vendita negli Stati Uniti, tallonata da Aquafina di PepsiCola.

La "coca-colizzazione" dell'acqua per bere non è una fortunata battuta umoristica. Si tratta di un fenomeno grave che si è sviluppato ed imposto grazie ad una deliberata ed efficace politica di marketing e di consumismo. Certo, vi sono anche altre ragioni di natura sociale ed economica (gusto clorato di molte acque d'acquedotto, crescente mobilità e differenziazione degli stili di vita e dei modi di consumo, importanza dei valori di bellezza, giovinezza, snellezza, qualità "terapeutiche" reali e/o millantate delle acque minerali) ma, da sole, esse non sono sufficienti per spiegare il processo di sostituzione dell'acqua di rubinetto dalle acque in bottiglia.

La "coca-colizzazione" dell'acqua per bere rappresenta una sfida di natura culturale molto diversa da quella socio-economica e tecno-ingegnieristica rappresentata dalla rarefazione, o da quella politico-istituzionale ed ideologica posta dalla "petrolizzazione" sotto forma di privatizzazione.

Con la "coca-colizzazione" si opera una forma di artificializzazione del rapporto essere umano–natura, dove il legame vitale tra i due si perde, svanisce. La mercificazione dell'acqua per bere si traduce nella de-sacralizzazione dell'acqua e, quindi, nella de-sacralizzazione della vita. Si tratta sul piano reale e simbolico di una delle maggiori sfide mondiali attuali.

Il superamento delle sfide

Le sfide descritte sono considerevoli ma non impossibili. Le soluzioni esistono, anche se non sono semplici e di facile applicazione. Il divenire resta aperto, ci appartiene. Questo il senso "politico" della lotta per l'acqua.

Due i principi fondatori del superamento. Primo: riconoscimento formale, a livello della Comunità internazionale, dell'accesso all'acqua potabile come un diritto umano, cioè universale, indivisibile ed imprescrittibile. Secondo: trattare l'acqua come un bene comune pubblico mondiale appartenente all'umanità e a tutte le specie viventi.

Da questi due principi discende una serie strutturante di prescrizioni ed obiettivi, componenti essenziali di una politica di governo pubblico dell'acqua. Penso, in particolare:

- al principio della responsabilità collettiva, via la fiscalità, del finanziamento dei costi necessari ed indispensabili per garantire il diritto all'acqua a tutti gli abitanti del pianeta e per la valorizzazione e l'uso dell'acqua in quanto bene comune pubblico mondiale. Rifiuto quindi di un partenariato publico-privato sul piano finanziario e dell'apertura al capitale privato del capitale delle imprese pubbliche dell'acqua;
- al principio dell'unicità dell'istituzione responsabile della proprietà, gestione e controllo delle acque, di tutte le acque in una visione ed una pratica di governo pubblico integrato delle acque. Occorre superare la separazione tra servizio idrico integrato limitato all'acqua potabile e servizio idrico per l'irrigazione o per l'energia. Allo stesso modo è necessario recuperare il controllo e la gestione pubblica cooperativa delle acque minerali;
- al rifiuto di includere l'acqua ed i servizi idrici – e gli altri servizi pubblici locali quali la salute, l'educazione, l'energia solare – fra i settori presi in conto dai negoziati internazionali sulla liberalizzazione dei servizi;
- alla centralità della partecipazione effettiva dei cittadini alle decisioni afferenti il governo dell'acqua. In questo settore siamo ancora a livello della

retorica o dei primi passi titubanti. È tempo di procedere alle necessarie innovazioni politiche, sociali e culturali.

Le sfide dell'acqua non appartengono, principalmente, al mondo della ragione tecnica, ma al mondo della ragione sociale, della "*res publica*" e del vivere insieme.

I narratori della vita – cioè i custodi della polis – sono almeno altrettanto importanti dei fontanieri e degli ingegneri idraulici, certamente di più dei finanzieri e dei mercanti.

DOCUMENTI

I tre documenti che seguono, del 2001, 2003 e 2005, esprimono il percorso compiuto dal Comitato Italiano per il Contratto Mondiale dell'Acqua (Cicma), un'associazione che riunisce rappresentanti di vari organismi e gruppi attivi nel campo dell'acqua, di diversa matrice culturale ed espressione di sensibilità politiche differenti ma accomunate da una condivisa cultura dell'acqua (bene comune dal locale al mondiale, diritto umano, finanziamento pubblico dell'accesso all'acqua come diritto, governo pubblico partecipato...). Per questo, si può dire che la documentazione qui presentata "racconta" le proposte e gli orientamenti di una buona parte dell'insieme delle organizzazioni che in Italia sono in lotta per un governo pubblico dell'acqua, contro la sua mercificazione e privatizzazione, senza però pretendere alcuna esaustività.

Manifesto italiano del Contratto Mondiale sull'Acqua, 2001

A cura del Comitato italiano per il Contratto Mondiale dell'Acqua

Il Comitato internazionale per il Contratto Mondiale dell'Acqua pubblicò il suo "Manifesto dell'Acqua" (una decina di paginette) a Lisbona nel 1998. Seguì in Belgio, in Italia, in Francia, nel Quebec, negli Stati Uniti, la costituzione di Associazioni nazionali per il Contratto Mondiale dell'Acqua. Successivamente, ogni associazione ha concepito e divulgato un proprio manifesto. È così che nel 2001 è apparso il "Manifesto Italiano per il Contratto Mondiale dell'Acqua" nel quale i suoi promotori identificarono tre obiettivi principali: portare le problematiche dell'acqua ai primi posti dell'agenda politica italiana; promuovere la partecipazione effettiva dei cittadini alla gestione democratica dell'acqua; far adottare il principio del finanziamento pubblico dell'accesso ai 40 litri giorno per persona come diritto umano.

Introduzione: Perché una campagna per l'acqua? Un diritto umano non rispettato

Più di 1,4 miliardi di persone nel mondo non hanno accesso all'acqua potabile. Siccome l'acqua è, con l'aria, la principale fonte di vita insostituibile, ciò significa che il diritto alla vita per centinaia di milioni di esseri umani è oggi severamente negato o, perlomeno, troncato. Si tratta di una situazione intollerabile per un mondo che si proclama "villaggio globale". Il rischio grande è che, se non v'è inversione di tendenza, le persone senza accesso all'acqua potabile diventeranno più di 3 miliardi nel 2020.

Un bene comune maltrattato, dilapidato

Le risorse idriche mondiali sono dappertutto in uno stato disastroso. L'inquinamento, le contaminazioni e gli sperperi hanno fatto dell'acqua dolce una risorsa sempre più "rara" nella qualità necessaria ed indispensabile alla vita. Così, anche nei paesi sviluppati come l'Italia, è diventato sempre più costoso accedere all'acqua dolce di buona qualità. Da anni, il costo dell'acqua non fa che aumentare anche se, in Italia, la qualità dell'acqua e della sua distribuzione resta inadeguata ed insufficiente in moltissime zone del territorio.

Il contrasto è evidente – ed inaccettabile – tra le zone dove la carenza d'acqua resta un problema di vissuto quotidiano e le zone dove gli sperperi, dovuti ad un'agricoltura intensiva, ad attività industriali inquinanti e ad usi domestici/privati irragionevoli, si traducono in una dilapidazione predatrice del patrimonio idrico comune nazionale e mondiale. È tempo di cessare d'essere dei "dilapidatori di fonte di vita".

Un'utopia possibile. Il "Manifesto dell'Acqua"

Assicurare nel 2020-2025 l'accesso all'acqua a tutti gli abitanti della Terra, non solo è un obiettivo lodevole, ma si tratta soprattutto di un'utopia possibile, realizzabile. A condizione, beninteso, di avere la volontà di farlo.

Sensibilizzare l'opinione pubblica affinché tale volontà si esprima e si affermi concretamente, è la ragione d'essere del "Comitato Italiano per il Contratto Mondiale sull'Acqua".

Il "Contratto Mondiale sull'Acqua" costituisce la proposta centrale del "Manifesto dell'Acqua". Il manifesto è stato redatto nel settembre 1998 da un Comitato Internazionale presieduto da Mario Soares e creato dall'iniziativa di Riccardo Petrella.

Il "Manifesto dell'Acqua" si fonda su quattro idee-chiave:

- fonte insostituibile di vita, l'acqua deve essere considerata un bene comune patrimoniale dell'umanità e degli altri organismi viventi;
- l'accesso all'acqua, potabile in particolare, è un diritto umano e sociale imprescrittibile che deve essere garantito a tutti gli esseri umani indipendentemente dalla razza, l'età, il sesso, la classe, il reddito, la nazionalità, la religione, la disponibilità locale d'acqua dolce;
- la copertura finanziaria dei costi necessari per garantire l'accesso effettivo di tutti gli essere umani all'acqua, nella quantità e qualità sufficienti alla vita, deve essere a carico della collettività, secondo le regole da ella fissate,

normalmente attraverso la fiscalità ed altre fonti di reddito pubblico. Lo stesso vale per la gestione dei servizi d'acqua (pompaggio, distribuzione e trattamento);

- la gestione della proprietà e dei servizi è una questione di democrazia. Essa è fondamentalmente un affare dei cittadini e non (solo) dei distributori e dei consumatori.

Messa in opera della Campagna. Una scadenza operativa al 2002. La Conferenza Mondiale di RIO + 10

La raccolta delle adesioni alla Campagna è già iniziata in Svizzera (dal settembre 2000) ed avrà luogo in altri paesi del mondo quali – oltre l'Italia – il Belgio, la Francia, il Canada, gli Stati Uniti, il Brasile, la Germania, l'India... L'insieme delle adesioni, che si spera ammonteranno a diecine e diecine di migliaia, sarà presentato alla Conferenza Mondiale delle Nazioni Unite – RIO + 10 – su Sviluppo ed ambiente che avrà luogo a Johannesburg (Sudafrica) nell'ottobre 2002. "RIO + 10", III summit della terra, rappresenterà uno dei momenti più centrali e determinanti sul piano dell'agenda politica internazionale nel campo della definizione e messa in opera della politica mondiale dell'acqua.

Il nostro obiettivo è di iscrivere i principi e le proposte della Campagna nelle risoluzioni e nei testi finali di RIO + 10, per poi mobilitare i cittadini sulle misure concrete da prendere ai vari livelli (dalle città ai bacini idrografici plurinazionali, dalle regioni al livello mondiale) per l'effettiva realizzazione dei principi e degli obiettivi definiti a "RIO + 10".

Priorità della campagna

Principi e proposte del "Manifesto italiano per il Contratto Mondiale sull'Acqua"

L'applicazione delle idee-chiave a livello italiano fa emergere una serie di:

- problemi ed opportunità;
- priorità per l'azione;
- soluzioni e prospettive;

di natura politica, istituzionale, tecno-scientifica e socio-culturale.

Influenzata dall'interpretazione che si fa della situazione dell'acqua in Italia (da cui l'importanza di una valutazione pubblica collettiva dello stato dell'acqua nel nostro Paese), l'identificazione delle priorità per l'azione costituisce l'esercizio fondamentale di qualsiasi scelta di società. Dalle priorità dipendono le soluzioni adottate e le prospettive d'evoluzione.

Le tre priorità maggiori del "manifesto italiano"

Prima priorità

Mettere la politica dell'acqua ai primi posti dell'agenda politica italiana

Per quanto l'Italia faccia parte dei paesi più sviluppati al mondo, il diritto di accesso all'acqua potabile è ancora in certe zone limitato sul piano quantitativo e, soprattutto qualitativo, il che spiega perché l'Italia figura al primo posto al mondo per consumo pro-capite d'acqua minerale in bottiglia. Situazioni locali di disfunzionamento burocratico, d'incuria gestionale e di corruzione politica ed economica, hanno spinto molte collettività locali ad abbandonare la gestione pubblica dei servizi d'acqua per affidarli a società private. La tendenza alla privatizzazione sembra imporsi a passi da gigante nell'indifferenza quasi generale.

Il ***primo nodo*** dell'agenda politica italiana in materia d'acqua è la banalizzazione accettata della trasformazione dell'acqua da bene comune vitale in un bene economico privato, nella credenza che se l'acqua è trasformata in una merce con un prezzo determinato dal mercato, si può realizzare una gestione dell'acqua più efficace e nell'interesse di tutti. Eppure la grande maggioranza degli italiani è servita, non senza successo, da imprese pubbliche intercomunali di alta qualità tecnica, manageriale ed umana.

Il ***secondo nodo*** è rappresentato dello stato pietoso della gestione del territorio. I disastri naturali (alluvioni, siccità...) che colpiscono frequentemente il nostro Paese rivelano le debolezze strutturali della gestione del territorio in tutti i suoi aspetti. Non è sufficiente reagire in stato di emergenza. È urgente che la politica italiana metta fine al dissesto urbanistico, al "malgoverno" dei bacini fluviali, alla debolezza delle lotta contro la deforestazione, gli inquinamenti agricoli ed industriali e gli sperperi domestici.

Il ***terzo nodo*** risiede nell'estrema molteplicità e diversità dei regimi locali di proprietà, d'uso e di gestione delle risorse idriche, che non consente una visione coerente ed integrata a livello regionale e nazionale. Regole moderne convivono con regole ancestrali sulle quali si fondano diritti ed usi "antichi" frammentati, atomizzati, che consentono uno "sfruttamento" individualistico di notevoli risorse d'acqua.

Di fronte a tale situazione, il nostro Comitato propone che la *politica dell'acqua* diventi uno dei temi centrali dell'agenda pubblica nazionale nel corso dei prossimi cinque anni.

A tal fine è necessario aprire un grande dibattito nazionale sulle tendenze alla privatizzazione. A nostro avviso *l'acqua deve essere riconosciuta dalla legge come un bene comune pubblico. Essa deve restare o (ri) diventare di proprietà e gestione pubblica, con la consapevolezza che l'acqua in Italia non appartiene agli italiani ma all'umanità, alla vita, e che gli italiani hanno il diritto di accesso all'acqua del Paese in solidarietà con le altre popolazioni e le generazioni future.*

Seconda priorità

Promuovere la conoscenza pubblica, collettiva sui problemi dell'acqua per favorire una partecipazione effettiva dei cittadini alla gestione democratica dell'acqua a livello locale/regionale e nazionale/internazionale.

Le conoscenze disponibili sullo stato dell'acqua in Italia sono numerose e di varie natura e qualità. Restano però disparate, frammentarie, discontinue e ineguali da regione a regione, da settore a settore. In molti casi sono di difficile accesso ed utilizzo. Se si vuole che i cittadini partecipino attivamente agli affari della "polis", la soluzione al problema dell'accesso ad una conoscenza pubblica, collettiva, sistematica ed adeguata non può più essere procrastinata.

Il nostro Comitato intende apportare un contributo a tale obiettivo mediante:

1. la redazione di un ***Rapporto sull'acqua in Italia***

- da rendere pubblico il 22 marzo 2002 (Giornata mondiale dell'acqua)
- da trasmettere al Parlamento ed al Governo italiano in vista della partecipazione e del contributo dell'Italia alla conferenza mondiale di **RIO + 10** a Johannesburg nell'ottobre del 2002.

Documenti e rapporti non sono però sufficienti. C'è, infatti, bisogno urgente di creare **spazi pubblici di cooperazione e di partecipazione cittadina** ai livelli dove può e deve essere operata la gestione democratica dell'acqua.

Pensiamo ai livelli urbani, intercomunali, ai livelli di bacini fluviali, ai livelli regionali. Tali ***spazi pubblici*** potrebbero prendere la forma di ***parlamenti di bacino***, di "***associazioni – imprese cooperative***", consorzi intercomunali.

Tra le ***azioni di supporto e di accompagnamento*** necessarie a garantire una più grande efficacia alla realizzazione degli obbiettivi della seconda priorità, è opportuno prevedere

2. il lancio, nel settore dell'educazione, di un'***azione nazionale di sensibilizzazione e di dibattito*** sui temi dell'acqua a partire dell'anno scolastico 2001-2002.

Questa azione si concretizza nella Campagna nazionale di Educazione allo Sviluppo "Acqua: bene comune dell'umanità", che si propone di allargare, prolungare e consolidare la partecipazione di cittadini, istituzioni e mondo della scuola attraverso varie iniziative in diverse città italiane ad opera di un consorzio di Ong del Cipsi aderenti al Comitati Italiano.

In questo quadro si dovrebbe promuovere un'***emissione radio***, ad opera della RAI ed altre radio impegnate civilmente e lanciare un ***gioco pubblico*** dove i vincitori non riceveranno del denaro per loro ma dei fondi destinati a finanziare l'accesso a 100 (a 1000) rubinetti d'acqua in città o villaggi d'Asia, d'Africa, d'America latina e d'Europa.

Terza priorità

Applicare il principio della presa a carico da parte della collettività del finanziamento dei costi relativi al diritto d'accesso per tutti i cittadini a 40 litri d'acqua di qualità sufficiente, al giorno per persona, per usi domestici.

Servizio privato all'origine, poi a partire dalla fine del XIX secolo servizio pubblico "sociale", ***la distribuzione dell'acqua non è mai stata gratuita.*** La presa a carico del finanziamento dei costi dell'insieme dei servizi d'acqua è stata assicurata nei bilanci pubblici grazie agli introiti fiscali e/o i prestiti organizzati dalle collettività locali o dallo stato centrale. Il fatto, dunque, che i costi siano coperti, in totalità o in maggior parte, dalle finanze pubbliche non significa che l'acqua è gratuita.

Le misure adottate nel 1997 nelle Fiandre (Belgio) nel senso qui proposto rispondono, inoltre, ad un'esigenza nuova: quella di lottare contro la riapparizione nei nostri paesi sviluppati di situazioni di povertà strutturali conducenti alla privazione del diritto di accesso all'acqua per un numero crescente di cittadini. "I tagli d'acqua" sono in aumento in Europa.

Il fatto che si preveda un importante aumento del costo dell'acqua non implica che i poteri pubblici debbano essere messi nei prossimi anni nella condizione di non disporre delle risorse finanziarie adeguate per continuare ad assicurare il servizio pubblico dell'acqua e che, per conseguenza, solo il settore privato avrà le risorse finanziarie necessarie e "dovrà", dunque, prendere a carico i servizi d'acqua. Tocca ai cittadini decidere del sistema di finanziamento dei servizi d'acqua sulla base di un informazione e di una conoscenza le più ampie e rigorose possibili dei costi e dei benefici delle varie soluzioni. Un'informazione ed una conoscenza che solo ***un'azione di valutazione pubblica nazionale*** può assicurare.

Noi proponiamo l'adozione di un ***sistema di tariffazione dell'acqua a tre piani***:

il piano dell'accesso/diritto: i cittadini partecipano al finanziamento collettivo dei costi relativi alla provvisione di 40 litri giorno/persona per usi domestici, tramite meccanismi fiscali giusti, ***equi e solidali;***

il piano dell'uso al di là dell'accesso/diritto: ogni cittadino dovrà pagare l'acqua utilizzata al di là dei 40 litri su basi progressive in funzione della quantità e secondo regole precise tenenti conto della finalità dei diversi usi, dei contesti territoriali e di altri parametri significativi;

il piano dell'abuso: a partire da un livello d'uso definito abusivo dal legislatore competente, entra in azione il divieto (e la corrispondente penalizzazione). Il principio "chi inquina paga" non può, infatti, essere il principio guida generale per una gestione integrata, sostenibile e solidale dell'acqua.

Conclusione

Il ruolo dell'Italia nel contesto europeo, internazionale e mondiale

Che si tratti della definizione di una "politica mondiale" dell'acqua – promossa e pilotata in questi ultimi dieci anni dalla Banca Mondiale con la collaborazione dell'Unesco, della Fao, dell'Oms, dell'Unep e dell'Undp, del Consiglio Mondiale dell'Acqua – o della messa in opera di una "politica europea" a livello dell'Unione europea, è certo che l'Italia non è stata fra i promotori e i protagonisti più attivi ed innovatori.

Paesi come la Svezia, i Paesi Bassi, il Canada, l'Egitto, la Svizzera hanno pesato e pesano molto di più dell'Italia sulle decisioni in materia di orientamenti, strategie, metodi, istituzioni. Non parliamo poi della Francia, le cui imprese private costituiscono le prime tre grandi potenze mondiali dell'acqua.

Non si tratta di rivendicare una politica mercantilistica aggressiva e nazionalista da parte dell'Italia ma di esprimere un volontà attiva in favore di una politica mondiale della cooperazione e dello sviluppo fondata sulla priorità da dare ai beni e servizi comuni mondiali, di cui l'acqua deve diventare il primo esempio concreto.

La sfida è grande, di fronte alle forti pressioni in favore della privatizzazione e della mercificazione dell'acqua e, di conseguenza, della mercificazione del diritto alla vita. Inoltre, il campo di manovra è ristretto, di fronte alla crescita ed alla moltiplicazione di potenti gruppi privati mondiali "multi-servizi".

Se i cittadini non modificano una tale situazione, l'esistenza di questi gruppi renderà sempre meno possibile una politica pubblica delle città e della gestione del territorio.

Proponiamo che l'Italia prenda l'iniziativa di sostenere l'inclusione delle proposte del "Manifesto dell'Acqua" nelle risoluzioni finali di **RIO + 10** ed in particolare la proposta relativa alla costituzione di un "parlamento mondiale dell'acqua".

Per meglio dotarsi dei mezzi necessari ed assumere un ruolo attivo, è importante che il governo italiano crei una "Task Force Acqua Bene Comune".

Il mandato della "Task Force" sarebbe quello di promuovere la coerenza tra i vari attori italiani operanti nel campo dell'acqua, dello sviluppo sostenibile e dei diritti umani a livello europeo, internazionale e mondiale.

Dichiarazione dell'acqua come diritto umano

Giornata speciale dell'acqua
Roma, 10 dicembre 2003

Uno dei punti di scontro politico concerne il riconoscimento dell'accesso all'acqua come diritto umano cioè universale, imprescrittibile ed indivisibile. La tendenza dominante preferisce (caso della dichiarazione ministeriale a conclusione del 2° Forum Mondiale dell'Acqua a L'Aja nel 2000) parlare di bisogno vitale. Inoltre, gli Stati "nazionali" giustificano la loro opposizione al riconoscimento del diritto universale nascondendosi dietro l'alibi della debolezza delle regole internazionali. Al termine del 1° Forum Alternativo Mondiale dell'Acqua (Fame) tenutosi a Firenze nel marzo 2003, i partecipanti proposero alle Nazioni Unite di dichiarare il diritto universale all'acqua in occasione del 55° anniversario della Dichiarazione Universale dei Diritti dell'Uomo. I partecipanti precisarono che se le Nazioni Unite non l'avessero fatto, i movimenti cittadini per l'acqua lo avrebbero fatto di loro propria iniziativa. Le Nazioni Unite non fecero nulla. I movimenti organizzarono a Roma una conferenza internazionale alla quale invitarono soprattutto parlamentari e rappresentanti di enti locali dei cinque continenti.

Ancora oggi vi sono al mondo più di un miliardo e quattrocento milioni di persone che non hanno accesso all'acqua potabile e due miliardi e quattrocento milioni che non hanno accesso ad installazioni sanitarie adeguate, con la conseguenza che trentamila esseri umani muoiono **ogni giorno** per malattie dovute all'assenza o alla cattiva qualità dell'acqua e dell'igiene. Eppure le Nazioni Unite avevano promosso nel 1980 "Il Decennio Mondiale dell'Acqua e dell'Igiene" (1981-91) con l'obiettivo di assicurare l'accesso all'acqua per tutti nel 2000!

La comunità internazionale *(istituzionale)* continua a rifiutare il riconoscimento dell'accesso all'acqua come un diritto umano, cioè un diritto universale, indivisibile ed imprescrittibile. Specialmente dopo la Conferenza Internazionale sull'Acqua di Dublino nel 1992, essa preferisce trattare l'accesso all'acqua come un bisogno essenziale e l'acqua come una materia prima, un bene economico, favorendo così le politiche orientate al mercato, alla privatizzazione della gestione dei servizi idrici ed alla mercificazione dell'acqua. Recentemente (novembre 2002), il Comitato delle Nazioni Unite sui Diritti Economici, Sociali e Culturali ha affermato che l'accesso ad una fornitura adeguata d'acqua per uso personale e domestico costituisce un diritto umano fondamentale di ogni persona. Nel suo "Commento generale" n° 15 sull'attuazione della Convenzione internazionale sui Diritti Economici, Sociali e Culturali del 1966, il Comitato precisa che "il diritto umano all'acqua è indispensabile per condurre la propria esistenza in condizioni di dignità umana. Esso costituisce un pre-requisito per la realizzazione degli altri diritti umani". Purtroppo, il "Commento Generale" non è legalmente vincolante per i 146 Stati che hanno ratificato la Convenzione internazionale. Ciò spiega perché nel marzo 2003, al III Forum Mondiale dell'Acqua a Kyoto, gli stessi Stati hanno invece ripetuto nella dichiarazione ministeriale conclusiva che l'accesso all'acqua è un bisogno vitale (e non un diritto) e che l'acqua deve essere considerata principalmente come un bene economico, cui si deve attribuire un valore economico secondo i prezzi di mercato che consentono il recupero del costo totale di produzione (profitto incluso).

Fortunatamente in occasione del Forum di Kyoto, diverse istituzioni partecipanti hanno espresso posizioni diverse. In particolare, la Chiesa Cattolica ha sostenuto con fermezza, in un suo documento, che l'acqua è un **diritto umano** ed ha espresso serie riserve sui processi di gestione delegati al mercato. In questo stesso senso si è espresso anche il Sindacato Internazionale dei Servizi Pubblici.

Già in passato, il **diritto all'acqua** è stato menzionato in atti o decisioni internazionali. La Convenzione sui Diritti dell'Infanzia, per esempio, fa riferimento all'acqua. Inoltre, la prima conferenza delle Nazioni Unite sull'acqua a Mar del Plata nel 1977 ha stabilito che tutte le persone hanno il diritto ad avere accesso all'acqua potabile per soddisfare le loro esigenze fondamentali.

La realtà è che i leaders politici, economici e tecno-scientifici dei paesi più ricchi e potenti del mondo – cosi come, spesso, le classi dirigenti dei paesi "in via di sviluppo" – hanno praticato negli ultimi venti anni delle politiche istituzionali, finanziarie, agricole, industriali e commerciali con effetti devastanti e opposti rispetto alle sparute dichiarazioni di principi favorevoli al diritto umano all'acqua.

Le prospettive non sembrano molto incoraggianti. La mercificazione dell'acqua sembra destinata a rafforzarsi. Da una decina di anni, le analisi e le previsioni dell'Onu, della Fao, dell'Unesco, del Pnud, della Banca Mondiale non fanno che "annunciare":

- *l'aggravamento della "crisi idrica" nel mondo.* Nel 2032, a 40 anni dal 1° Vertice Mondiale dell'Ambiente di Rio de Janeiro, il 60% della popolazione mondiale rischia di " vivere" in regioni caratterizzate da scarsità idrica;
- *gravi problemi di approvvigionamento idrico per l'agricoltura in Cina, India e Stati Uniti.* In questi paesi, le falde freatiche tendono ad abbassarsi a causa dei prelievi sproporzionatamente eccessivi operati negli ultimi cinquant'anni dall'agricoltura e dall'industria (energia inclusa);
- *la moltiplicazione e l'intensificazione dei conflitti intorno all'acqua* per usi alternativi concorrenti tra Stati. Non si parla ormai dell'Acqua che come "oro blu" e si afferma che il XXI secolo sarà il secolo delle "guerre dell'acqua".

Si tratta di futuri possibili ma inaccettabili

Il 2003 è stato l'Anno Internazionale dell'Acqua. Nel momento in cui l'anno volge al termine, ci siamo riuniti – provenienti da varie Regioni del mondo – in nome unicamente della nostra qualità di cittadini perché siamo decisi a far si che quest'anno non resti un anno di celebrazioni altamente retoriche e si concluda con magrissimi impegni politici, come è successo al G-8 di Evian nel giugno scorso. I leaders del G-8 avevano annunciato che avrebbero preso degli impegni nel campo dell'acqua: si parlò di triplicare l'aiuto pubblico internazionale per l'acqua e portarlo al livello di 30 miliardi di $ annui. La delusione fu grande: il G-8 si è concluso senza nessun impegno significativo.

Di fronte a tale stato delle cose, vogliamo reagire ed invitiamo tutti i cittadini a mobilitarsi attorno ai seguenti principi, obiettivi ed iniziative:

Affermiamo che:

- il riconoscimento formale del Diritto all'acqua è un passo fondamentale per l'attuazione del Diritto alla vita per tutti;
- realizzare il Diritto all'acqua per tutti è una pre-condizione necessaria per ottenere lo sradicamento della povertà nel mondo;

- la realizzazione del Diritto all'acqua per tutti (e non solo per la metà di coloro che oggi non ne hanno l'accesso) entro il 2015 è economicamente possibile. Recentemente (1997), le Nazioni Unite (in particolare il Programma delle Nazioni Unite per lo Sviluppo), hanno dimostrato che l'obiettivo dell'accesso all'acqua per tutti entro un periodo di 15 anni è economicamente realizzabile. Riaffermiamo che l'ostacolo principale alla realizzazione del Diritto Umano all'acqua non risiede nell'assenza o nell'inadeguatezza delle risorse finanziarie, delle competenze, delle tecnologie. Queste esistono. Ciò che manca è la volontà politica e le scelte economiche e sociali corrispondenti.

Pertanto sosteniamo che:

- l'esclusione dell'acqua – 55 anni or sono –, quale diritto esplicito, dalla Dichiarazione Universale dei Diritti Umani, ha impedito ai cittadini di esercitare delle pressioni efficaci sui Governi ed ha determinato l'affermarsi nelle legislazioni nazionali e nelle pratiche politiche, in un contesto internazionale di crescente economicismo neoliberale, di approcci e di modi di gestione fondati sull'acqua vista come un "bene economico";
- è urgente ed indispensabile riconoscere il carattere di "bene comune pubblico" dell'acqua e degli ecosistemi e pervenire all'esclusione dell'acqua dalla categoria dei "beni e servizi mercantili" e non solo per quanto riguarda l'utilizzo idro-potabile. Essenziale ed insostituibile anche per altre attività economiche (agricole, energetiche, industriali) di natura fondamentale per il diritto alla vita ed il vivere insieme, l'acqua deve essere considerata un bene comune pubblico anche in questo caso;
- l'acqua ed i servizi idrici non devono essere l'oggetto di negoziati commerciali ma di regole mondiali che definiscono e promuovono una valorizzazione e gestione dell'acqua sostenibile come bene comune e diritto umano universale.

A tal fine, ribadiamo i seguenti principi:

1) l'acqua è un bene comune dell'umanità, appartenente a tutti gli organismi viventi;
2) l'accesso all'acqua è un diritto umano e sociale, individuale e collettivo;

3) il finanziamento del costo necessario per garantire ad ogni essere umano l'accesso all'acqua, nella quantità e la qualità sufficienti per vivere, è responsabilità dei poteri pubblici.

Conseguentemente proponiamo: fra le tante e numerose azioni e soluzioni indispensabili che si conoscono e sono possibili che la Giornata Speciale di Roma metta la priorità su sei obiettivi da realizzare nel corso dei prossimi 5 – 10 anni, e cioè:

1° Obiettivo: "costituzionalizzare " il Diritto all'acqua, attraverso:

- l'inclusione di tale diritto nella Dichiarazione Universale dei Diritti dell'Uomo delle Nazioni Unite;
- la sua introduzione nella Carta Costituzionale Europea e nelle Costituzioni dei vari Stati del mondo;
- la sua incorporazione negli statuti delle collettività comunali, provinciali e regionali od approvazione formale con delibere *ad hoc.*

2° Obiettivo: trasformare l'Acqua in uno strumento di Pace,

Attraverso iniziative da parte di Comuni, Province, Regioni e Stati per sancire, con ordini del giorno, delibere ed altri documenti, il ripudio dell'uso dell'acqua per fini politici o militari e come strumento di oppressione, di esclusione e di ricatto.

3° Obiettivo: liberare le portatrici d'acqua,

Garantendo, entro cinque anni, il diritto all'istruzione per i 18 milioni di bambini, soprattutto di ragazze, che nel mondo non possono frequentare la scuola dell'obbligo perché costretti/e a fare i/le "portatori/portatrici d'acqua" per le famiglie e per il villaggio, percorrendo parecchi chilometri al giorno.

4° Obiettivo: porre fine al pompaggio ed ai consumi devastanti,

Riducendo, in tutti i Paesi del mondo, entro il 2010, del 40% i prelievi e le perdite attuali in agricoltura, in industria e nelle reti di distribuzione. Parimenti, ridurre, a livello di usi domestici, i consumi dell'acqua potabile per usi non potabili.

I risparmi di acqua e di risorse finanziarie cosi realizzati, saranno destinati a finanziare progetti per garantire l'accesso all'acqua per tutte le popolazioni povere, con il coinvolgimento e la partecipazione delle popolazioni locali.

A questo riguardo, un ruolo importante sarà svolto dalla ri-pubblicizzazione della gestione delle acque minerali.

5° Obiettivo: inventare la finanza cooperativa per l'acqua,

Con la creazione di un sistema finanziario cooperativo, mutualistico mondiale, destinato a sostenere la messa in opera di un servizio pubblico mondiale dell'acqua ed interventi miranti a garantire l'accesso all'acqua potabile a livello locale, nazionale e continentale, specialmente nelle regioni semi-aride e desertiche e nelle grandi metropoli della povertà, favorendo anche le azioni di partenariato pubblico-pubblico.

6° Obiettivo: realizzare la democrazia locale per l'acqua,

Favorendo a tutti i livelli locali (comuni, città, province, regioni, bacini internazionali) la costituzione di Consigli dei cittadini, con poteri effettivi, a sostegno ed in rafforzamento delle istituzioni di democrazia rappresentativa esistenti o similari, secondo le pratiche e le culture dei vari Paesi.

Roma – Campidoglio – 10 Dicembre 2003 – Giornata Speciale dell'Acqua

La lista dei primi sottoscrittori è disponibile nel sito www.contrattoacqua.it.

Manifesto italiano per un governo pubblico dell'acqua, 2005

A cura del Comitato italiano per il Contratto Mondiale dell'Acqua

Si tratta di una riformulazione della versione originale del 2001 del "Manifesto italiano per il contratto mondiale dell'acqua", con il duplice scopo di: primo, attualizzare gli obiettivi strategici e le priorità d'azione, a livello dei comuni, delle province, delle regioni, delle Aato, alle nuove condizioni delle lotte politiche per l'acqua in Italia a cinque anni di distanza dal primo documento: e, secondo, aprire nuovi cantieri sul piano dell'analisi teorica e politica e delle strategie di azione capaci di far operare i cambiamenti necessari alla realizzazione di un governo pubblico (e non più gestione) dell'acqua nel nostro Paese. Il Manifesto del 2005 cerca anche di proporre al resto dei movimenti in Europa e nel mondo modalità di interventi comuni più efficaci e risolutivi.

Introduzione – *È tempo della politica*

Il malessere idrico italiano, a dieci anni dall'approvazione della Legge Galli, non dà alcun segno di guarigione.

Anzi, si può rilevare che:

- i consumi domestici permangono a livelli eccessivi, quindi di spreco: l'italiano medio consuma 213 litri al giorno d'acqua potabile mentre lo svizzero si limita a 159 e lo svedese si "accontenta" di 119 litri;
- le perdite della rete di distribuzione continuano a superare il 30-35% per non menzionare i livelli delle regioni del Sud, con percentuali fino al 60%. In Svizzera ed in Svezia la percentuale si situa attorno al 9%, considerato il tasso di perdita "naturale" al di sotto del quale è difficile scendere;
- l'abusivismo resta diffuso in presenza di una scarsa pianificazione per quanto riguarda gli usi dell'acqua detta produttiva, cioè utilizzata per l'agricoltura, l'industria, l'energia ed altre attività terziarie. Se l'uso dell'acqua produttiva

rappresenta il 75% dei prelievi e dei consumi d'acqua dolce del Paese, in realtà essa costituisce solo il 10% dell'acqua fatturata. Il 90% dell'acqua fatturata concerne l'acqua per usi domestici. Questo significa che, in Italia, l'acqua per l'agricoltura, per l'industria, per l'energia non "costa nulla" o pochissimo agli operatori dei settori menzionati, ma costa moltissimo (non solo in termini monetari) alla comunità nazionale. La situazione è paradossale: le principali cause d'inquinamento e di contaminazione delle acque di superficie e sotterranee sono, infatti, dovute agli usi agricoli ed industriali attuali;

- i rapporti pubblicati nel 2002 e 2003 dal *Comitato per la vigilanza sull'uso delle risorse idriche,* le inchieste effettuate da Legambiente e dal Wwf continuano a denunciare – è il termine appropriato – lo stato di deterioramento e di spoliazione delle acque italiane. Certo si è assistito in questi ultimi anni ad incoraggianti casi di recupero e di riabilitazione della "risorsa" acqua, dovuti soprattutto all'impegno civico dei cittadini in lotta contro le discariche di rifiuti mal organizzate, le produzioni industriali non sostenibili, i progetti di trafori, dighe e autostrade ingiustificati o superflui, le aperture inidonee di miniere. Ciononostante, sempre più numerosi sono i fiumi che diventano torrenti o si seccano (casi recenti della Cecina e del Simbrivio, per non parlare del Po), i laghi che restano inquinati, i fiumi della zona alpina contaminati, i comuni e le province che non posseggono sistemi di recupero e di riciclo delle acque reflue, le province senza registri sugli usi agricoli e senza catasti industriali;
- l'Italia, pur essendo il 6° paese più industrializzato (ricco) del mondo, resta ad un livello basso di copertura territoriale dei servizi di fognatura e di depurazione che servono rispettivamente solo il 52,5% ed il 65% della popolazione. L'Italia si caratterizza, ancora oggi, come un paese ad elevata carenza di infrastrutture idriche, mancanza di adeguamento di quelle esistenti, scarsa manutenzione ordinaria e straordinaria;
- l'Italia è il primo paese al mondo per consumo pro capite di acqua minerale e di sorgente in bottiglia (più di 180 litri all'anno per persona) pur sapendo che essa costa da 200 a 2000 volte più cara dell'acqua di rubinetto. Su influenza di una massiccia politica di mercificazione dell'acqua da bere perseguita dalle imprese capitaliste private, gli italiani si sono fatti convincere che per bere sia meglio bere l'acqua in bottiglia, perché, afferma la pubblicità, sarebbe

più sana e più sicura per la salute, il che è del tutto mistificatore. Dopo la "petrolizzazione" dell'acqua, ecco la "cocacolizzazione" dell'acqua potabile, di cui l'Italia ha il privilegio di rappresentare il laboratorio sperimentale più avanzato al mondo.

È solo dopo le alluvioni (Bormida 1992, Po 1994 e 2000, Sarno 1998, ...), le catastrofi (come quella di Soverato nel 2000) e le tragedie dovute a fughe d'acqua massicce, ad inquinamenti eccezionali dell'acqua di rubinetto o di una partita importante di bottiglie d'acqua minerale, che le autorità pubbliche, gli operatori economici ed i consumatori si mobilitano per arginare gli enormi buchi e le grandi lacune esistenti dovute all'incuria con la quale dirigenti e cittadini hanno gestito il suolo, i bacini idrografici, gli ecosistemi, le acque urbane e la loro salute.

Riparare i danni, però, non consente di risolvere i problemi.

È tempo che la politica – cioè le scelte operate alla luce e sulla base di una visione coerente e globale del vivere insieme, dell'interesse collettivo, compreso quello delle generazioni future – riprenda il primato sulla non-politica, sull'arroganza dei poteri forti, sulla miopia degli interessi settoriali e corporativi.

Nel campo dell'acqua, l'Italia non ha bisogno di leggi finanziarie annuali che sconvolgono regolarmente, atomizzandolo, il quadro legislativo, regolamentare ed istituzionale, come è nuovamente il caso, ancor più clamoroso delle precedenti, della finanziaria 2005. Il Paese ha soprattutto bisogno di darsi **un governo pubblico dell'acqua** chiaro, coerente, stabile ed efficace, grazie anche alla partecipazione attiva dei cittadini a partire dai Comuni e dagli Ato.

Questo obiettivo è realizzabile perché sempre più numerosi sono gli amministratori pubblici e gli operatori economici (imprese, famiglie) che, in zone urbane, di campagna e nelle comunità montane, dimostrano di avere la voglia e di essere capaci di porre fine al dissesto idrico e di promuovere un'effettiva politica dell'acqua.

Come nel XX secolo la "missione" che la classe dirigente italiana dovette, *volens nolens*, darsi fu quella di portare nelle case della stragrande maggioranza della popolazione l'acqua potabile dal rubinetto, investendo massicciamente il denaro pubblico ed affidando la gestione dei servizi idrici alle aziende pubbliche municipalizzate, cosi nel XXI secolo la *missione* di cui la classe dirigente attuale deve farsi carico è duplice:

- garantire l'accesso all'acqua per tutti, nel mondo, come diritto umano individuale e collettivo, nella quantità e qualità sufficienti alla vita ed alla salute, in un contesto d'uso sostenibile degli ecosistemi, nel quadro di uno Stato moderno efficace, trasparente ed effettivamente democratico, capace di mobilitare le risorse del "tesoro pubblico" per gestire un "servizio pubblico" sottratto agli abusi degli interessi corporativi dei gruppi, al potere ed alle logiche mercantiliste e finanziarie degli operatori privati in un "libero" mercato;
- promuovere l'acqua come un bene comune pubblico, patrimonio dell'umanità, fonte di pace, di cooperazione e di solidarietà anche nel rispetto dei diritti delle generazioni future, grazie ad un'effettiva e reale partecipazione dei cittadini alla "*res publica*". Il potere politico deve dimostrare, a partire dall'acqua, di essere capace di declinare la democrazia dei e con i cittadini.

Capitolo 1

I principi fondativi di una politica di governo pubblico dell'acqua

L'attuale gestione dell'acqua rappresenta, nonostante qualche eccezione, una lacuna grave nella cultura politica del nostro paese.

Principi fondativi di una politica nuova di **governo pubblico** dell'acqua.

Il concetto di "governo" ci pare più preciso e più significativo di quello di gestione. Questa, infatti, rinvia ad una cultura dove il primato è occupato dai mezzi e si sviluppa nei campi del "possibile", determinato dalla razionalità strumentale (risorse, soprattutto finanziarie e tecniche). Il "governo", invece, rinvia ad una cultura nutrita anzitutto dai fini e che si arricchisce nei campi dei diritti/doveri e che spiega il perché "governare" è rendere possibile l'impossibile, dandosi i mezzi per raggiungere gli obiettivi fissati, o adeguandoli a questi (e non viceversa). È importate saper gestire il "come farlo", ma ancor più importante e pregiudiziale è saper definire il "cosa" e il "perché".

Più si esplicitano le finalità, più si è capaci di agire sui mezzi.

Per **politica nuova di governo pubblico dell'acqua** intendiamo definire e sperimentare nuovi percorsi di regolazione politica e di pratiche collettive in materia di vita e del vivere insieme a partire dall'acqua, in grado di promuovere le interazioni le più virtuose possibili tra i fini (diritti/doveri) ed i mezzi (risorse/strumenti), dal livello locale a quello mondiale. Questo è l'obiettivo che ci siamo dati con l'elaborazione e la proposta di un Manifesto italiano dell'acqua edizione 2005, rivolto specialmente agli amministratori locali in rispetto di quel principio di prossimità che fa dell'acqua l'elemento vitale più vicino a ciascuno di noi perché, in fondo, quando parliamo di acqua parliamo della vita, parliamo di noi esseri umani.

Una **politica nuova di governo pubblico dell'acqua** deve ispirarsi ad una serie di principi fondamentali la cui visibilità, valenza e concretizzazione operino a diversi livelli d'intervento fra loro interconnessi e interdipendenti, e cioè:

- il livello mondiale (ed internazionale);
- il livello continentale (europeo, per l'Italia), comprendente i livelli interregionali;
- il livello nazionale (in pratica, i livelli regionali e locali).

Questa esplicitazione non deve suggerire alcuna logica prioritaria di interazioni dall'alto verso il basso. La realtà non è lineare. Tutto è allo stesso tempo circolare, spirale, frammentato, diviso, sbilanciato ed in cerca di equilibri.

1.1 Principi fondativi a livello mondiale

Fra i tanti principi che dovrebbero caratterizzare una politica di governo pubblico dell'acqua a livello mondiale, **quattro** emergono per l'importanza politico-culturale come elementi di riferimento "globale":

1. Il principio del diritto umano e sociale, individuale e collettivo, all'accesso all'acqua nella quantità e qualità essenziali per la vita (acqua potabile, acqua per l'alimentazione ed altre attività economiche fondamentali necessarie per la sicurezza d'esistenza collettiva), ed il corrispondente impegno alla sua concretizzazione (secondo noi possibile e da realizzare entro il 2020).

Intento di questo principio è il riconoscimento del diritto umano all'acqua, universale, indivisibile e imprescrittibile, al di là di alcune convenzioni e dichiarazioni relative all'infanzia ed alle donne. La regola prevalente, in base al principio della sovranità nazionale sulle acque, è quella del riconoscimento della responsabilità di ogni Stato a garantire il diritto all'acqua ai suoi cittadini. Nel febbraio del 2003, il Governo Canadese ha rifiutato ancora una volta di riconoscere il "diritto universale umano all'acqua", inviando una lettera alle associazioni impegnate nelle campagne per tale diritto. Ecco l'argomento addotto dal Primo Ministro Martin: "noi affermiamo il principio che ogni Stato deve assicurare il diritto di accesso all'acqua ai suoi cittadini. È responsabilità dei singoli Stati garantire i diritti, ma siamo contrari che si affermi il diritto universale all'acqua, perché questo significherebbe l'imposizione al Canada, ed ai singoli Stati, di obblighi e vincoli che limiterebbero la sovranità nazionale dei singoli Stati sulle risorse nazionali".

Negli ultimi anni il rifiuto del riconoscimento del diritto umano e sociale indivisibile ed imprescrittibile da parte dei gruppi dominanti è stato sostenuto sulla base di una distinzione, ingiustificata, tra diritti naturali – quali, per esempio, la libertà di pensiero, di credenze, di movimento ed il diritto alla proprietà privata e di tutti quei diritti inerenti la natura umana – ed i diritti sociali, considerati come " diritti acquisiti ". Il diritto all'acqua, il diritto alla pensione, il diritto all'istruzione, sarebbero dei diritti acquisiti il cui riconoscimento e fruibilità sarebbero subordinati alle risorse finanziarie disponibili. Mentre i diritti naturali non si possono intaccare, ridurre, perché sono indivisibili, imprescrittibili ed universali, i diritti sociali sarebbero divisibili e quindi possono essere garantiti in termini relativi rispetto alle risorse allocabili. Per il "Contratto Mondiale sull'Acqua", **il diritto all'acqua** è un diritto umano di base per la vita, inerente la dignità della persona umana, riconosciuto come tale a seguito di lunghe e dure lotte sociali e politiche e che non può, in nessuna circostanza, e per nessuno, dipendere dalle disponibilità delle risorse finanziarie.

Per i gruppi dominanti, **il come** garantire il diritto all'acqua resta un processo indeterminato, aleatorio, lasciato alle condizioni delle disponibilità finanziarie. Secondo loro, più il capitale privato è stimolato ad intervenire nel settore dell'acqua, più l'accesso all'acqua, come diritto, diventerà possibile. Si tratta di una posizione insostenibile ed incoerente soprattutto perché è largamente dimostrato che la tesi dell'impossibilità finanziaria ed economica di consentire a tutti il diritto all'acqua nello spazio di una generazione è falsa.

Il come è alla portata dell'umanità anche quando questa sarà composta – verso il 2020 – da otto miliardi di persone che abiteranno il pianeta terra; si traduce nel finanziamento pubblico del diritto umano sulla base di una fiscalità mondiale e locale generale e specifica e sulla base di mutamenti di rotta sul piano della politica agricola, commerciale, industriale, tecno-scientifica e del debito dei paesi del "Sud". In questo senso, le collettività pubbliche territoriali, dal comune alle istituzioni internazionali e mondiali, devono darsi, in priorità, le risorse necessarie e sufficienti per assicurare il diritto all'acqua, come hanno fatto e continuano a fare sul piano militare e delle forze di polizia per assicurare la sicurezza del paese e dei suoi abitanti verso l'esterno ed all'interno.

2. Il principio del governo sostenibile e solidale dei grandi corpi idrici mondiali (e degli ecosistemi di cui fanno parte) quali i grandi bacini idrografici su territori di due o più Stati (i grandi fiumi, i grandi laghi o mari interni). Vi sono grandi bacini, come quello del Guaranì, che essendo corpi idrici a valenza globale, dovrebbero essere governati in modo congiunto dai Paesi sui quali si estende il bacino. È inaccettabile che il Mar Morto stia scomparendo (ha perso il 30% della sua superficie) come è quasi scomparso il lago Baikal. I grandi laghi dell'America del Nord, come i grandi fiumi dell'Amazzonia, dell'Africa e dell'Asia che attraversano più paesi, costituiscono degli ecosistemi maggiori d'importanza vitale per il funzionamento del "ciclo integrale" dell'acqua e della vita sul pianeta Terra.

Il fine, in questo caso, è la salvaguardia della loro sostenibilità in quanto beni comuni pubblici di rilevanza mondiale, nel tempo e nello spazio.

Il come sta, principalmente, nell'istituzione di un "governo pubblico mondiale" dei corpi idrici mondiali già proposto dal "Manifesto dell'acqua".

3. Il principio della non applicabilità all'acqua delle regole dell'Organizzazione Mondiale del Commercio (Wto) e dell'Accordo Generale sul Commercio dei Servizi (Agcs, Gats in inglese), specificatamente e senza eccezioni per quanto riguarda i servizi idrici relativi all'acqua per la vita (in altre parole la captazione, adduzione, trattamento e distribuzione, dell'acqua potabile, ed il trattamento delle acque reflue) e all'acqua per la sicurezza d'esistenza collettiva (l'acqua per la produzione agricola, industriale ed energetica nella quantità e qualità sufficienti per l'esistenza di una comunità umana).

Il fine è rappresentato dalla salvaguardia del bene acqua come bene comune pubblico e come servizio pubblico non mercantile, contro la tendenza oggi prevalente alla mercificazione dell'acqua trattata come una merce ed i servizi idrici come dei servizi mercantili da sottomettere alle regole del libero scambio commerciale sul mercato capitalista globale.

Il come risiede soprattutto nell'esclusione dell'acqua dagli accordi Agcs e nella revisione profonda della cultura politica del Wto e della regolazione politica delle relazioni commerciali internazionali e mondiali, che dovrebbero essere ispirate da una pratica del commercio fondata sulla cooperazione e la condivisione anziché sulla competizione e la lotta per la sopravvivenza mediante l'accumulazione della ricchezza grazie allo scambio ineguale che conduce ad escludere ed eliminare i più deboli.

4. Il principio dell'acqua come bene comune pubblico, bene patrimoniale dell'umanità.

Il fine di questo principio è il riconoscimento da parte della comunità internazionale/mondiale della responsabilità dell'intera umanità, per quanto differenziata e divisa essa sia, nei confronti dell'acqua, cioè della salvaguardia e del miglioramento della vita degli ecosistemi e degli esseri umani.

Il come passa, al di là delle priorità sul piano degli strumenti giuridici, istituzionali e comportamentali, attraverso il riconoscimento dell'umanità in quanto soggetto giuridico e politico distinto, come è necessario, dalle Nazioni Unite. Introdotto nella "Dichiarazione di Roma" del 10 dicembre 2003, il riconoscimento dell'umanità in quanto soggetto giuridico e politico mondiale, titolare di diritti e di doveri in nome di tutti gli esseri umani, è una condizione strumentale essenziale per consentire lo sviluppo ed il consolidamento di un governo pubblico mondiale dell'acqua. L'Onu non può consentirlo. La politica dell'acqua del sistema Onu è infatti incapace di liberarsi dalla trappola "istituzionale" rappresentata dalla sovranità nazionale sulle risorse naturali, e dalla trappola politico ideologica attuale che ha dato alle istituzioni quali la Banca mondiale, il Fmi, il Wto e la Wipo il primato sull'Onu per quanto riguarda il potere di regolazione "politica" delle relazioni internazionali e mondiali, eccezion fatta per la sicurezza militare che è rimasta nelle mani dell'oligopolio dei cinque membri del Consiglio di Sicurezza (e non delle Nazioni Unite).

L'insieme dei **quattro principi** mette in luce una fondamentale differenza tra la politica mondiale attuale dell'acqua e la politica nuova proposta dal "Contratto Mondiale sull'Acqua".

La prima è l'espressione di **un'abdicazione politica ed etica mondiale** riguardo la concretizzazione del diritto all'acqua per tutti gli esseri umani nell'arco di tempo di una generazione o meno. Essa ha sposato nel settembre 2000 – Dichiarazione dell'Onu al Vertice del Millennio su "Gli obiettivi del Millennio per lo Sviluppo" – l'idea dell'impossibilità di garantire a tutti l'accesso all'acqua potabile ed ai servizi igienici. L'obiettivo massimo realisticamente ottenibile, essa sostiene, è la riduzione di metà al 2015 del numero delle persone che oggi non hanno accesso all'acqua. Quello che succederà dopo resta indeterminato.

Da notare che la maggior parte dei movimenti associativi, comprese le Ong e le organizzazioni di matrice cristiana e cattolica, hanno aderito agli obiettivi del Millennio per lo Sviluppo. Lo stesso dicasi dell'internazionale socialista, di molti sindacati e della stragrande maggioranza delle università in tutto il mondo.

I singoli cittadini e le organizzazioni della società civile non sono stati in grado di incidere minimamente sui processi "elitisti" ed "antidemocratici" dei grandi vertici mondiali. Miliardi di persone non sono nemmeno al corrente delle decisioni prese in tali occasioni "in nome dei popoli della società mondiale"!

Una **politica nuova di governo pubblico mondiale dell'acqua** deve fondarsi sulla revisione al rialzo degli obiettivi del Millennio tanto più che una valutazione provvisoria, fatta nel corso del 2004, ha già dimostrato che gli obiettivi indicati sono riduttivi rispetto ai bisogni e rischiano addirittura di non essere raggiunti. Da qui l'importanza dell'adesione alla **Dichiarazione di Roma** e l'urgenza di istituire un'Autorità Mondiale dell'Acqua, con funzioni legislative e soprattutto di difesa dell'interesse mondiale grazie alla creazione di un Organo di Risoluzione dei Conflitti in materia d'acqua da creare sull'esempio, rivisto, dell'Organo di Risoluzione delle Dispute operante in seno al Wto.

1.2 I principi fondativi a livello europeo

A livello europeo la possibilità di una politica nuova di governo pubblico dell'acqua è fortemente legata alla volontà del Parlamento europeo, ancor più che da parte della Commissione e del Consiglio dei Ministri, di affermare e promuovere i seguenti principi:

- il principio del servizio pubblico europeo;
- il principio della democrazia sovranazionale;

- il principio della cooperazione interregionale;
- il principio della solidarietà verso i paesi vicini.

Come è noto, la posizione della Commissione Europea rispetto ai servizi idrici è improntata, almeno formalmente, al principio della "neutralità" dovuta al fatto che la politica dell'acqua resta di competenza degli Stati membri. La Commissione è intervenuta ed opera in maniera significativa nel campo dell'acqua principalmente in relazione agli aspetti connessi alla salute ed all'ambiente, da cui l'importante Direttiva Quadro sull'acqua del 2000, centrata sulla qualità dell'acqua in seno all'Unione Europea. Altri interventi nel settore acqua sono collegati alla politica commerciale nell'ambito del Wto ed alla politica di sviluppo e della cooperazione, in particolare nell'ambito degli Accordi di Cotonou. Pensiamo, ad esempio, alle richieste in favore della liberalizzazione dei servizi idrici rivolte dall'Ue a 102 paesi membri del Wto nell'ambito dei negoziati Gats, ed all'"Iniziativa Acqua dell'Ue" per un miliardo di euro per l'Africa, lanciata al Vertice di Johannesbourg nel settembre 2002.

La neutralità istituzionale non ha impedito, però, alla Commissione di prendere posizione, specie in ambito Wto e con la Direttiva Quadro, in favore del principio dell'acqua trattata come un bene economico sottoposto alle regole del prezzo di mercato. Ciò è coerente con la filosofia predominantemente neoliberale che ispira oramai da anni le politiche proposte dalla Commissione, come è il caso più evidente della Direttiva Bolkestein sulla liberalizzazione dei servizi. Un caso destinato a divenire il caso politico più caldo dei prossimi mesi, per il futuro dell'ingegneria economica della costruzione europea.

Il Parlamento europeo, invece, ha una più grande libertà di evoluzione e di manovra. L'ultima presa di posizione del Parlamento in materia di acqua si è tradotta nell'adozione, in seduta plenaria, l'11marzo 2004, di due emendamenti al "rapporto Miller" (rapporto di iniziativa parlamentare sulla Comunicazione della Commissione sullo stato di avanzamento della realizzazione del mercato unico interno). Con i due emendamenti, il Parlamento europeo:

- ha respinto la proposta della Commissione di far disciplinare le acque ed i servizi di smaltimento e dei rifiuti da una direttiva settoriale del mercato unico. Tenuto conto delle specificità regionali e della responsabilità primaria delle collettività locali in materia di approvvigionamento delle acque potabili e del trattamento delle acque reflue, il Parlamento s'interroga sull'opportunità di procedere alla liberalizzazione dell'approvvigionamento idrico;

- ha affermato che "l'acqua è un bene comune dell'umanità" e che "la gestione delle risorse idriche non deve essere assoggettata alle norme del mercato interno".

Rispetto alle modalità con cui si può costruire a livello europeo questa nuova politica del governo pubblico dell'acqua, rinviamo al *Manifesto Europeo* che illustra le modalità proposte dal Contratto mondiale sull'acqua per l'attuazione dei quattro principi sopra indicati.

Ci pare, però, utile, per il contesto italiano, fare un accenno all'importanza che deve occupare nell'elaborazione e messa in opera di una politica nuova dell'acqua la promozione di una democrazia sovranazionale, uno dei percorsi istituzionali con cui costruire i processi democratici e partecipativi sulla base dei quali deve fondarsi una nuova politica dell'acqua dal locale al globale.

Il **Parlamento Europeo costituisce una grande conquista del popolo europeo e sta diventando uno strumento importante sul cammino della democrazia sovranazionale**. In questo senso è importante rinforzare i poteri del Parlamento europeo e battersi affinché esso funzioni in maniera sempre più democratica e approvi delle politiche, per l'appunto nel campo dell'acqua, miranti ad una società più giusta, più libera e più solidale. Un Parlamento europeo rafforzato sarà anche in grado di sostenere il rinforzamento di esperienze parlamentari sovranazionali attualmente più fragili, quale quella del "Parlantino" (assemblea dei parlamentari dei 23 paesi d'America centrale e meridionale), o internamente nuova, quale quella del Parlamento Panafricano che ha iniziato i suoi lavori nel settembre 2004.

Non bisogna lasciarsi sfuggire un'occasione di grande rilevanza politica anche sul piano simbolico: sarebbe auspicabile che il Parlamento europeo prendesse l'iniziativa di proporre al Parlamento Panafricano, al Parlantino, ed anche all'Assemblea Interparlamentare Ue – ACP, di fare dell'acqua il campo prioritario di azioni congiunte, con l'obiettivo di rivedere al rialzo gli obiettivi del nuovo Decennio Internazionale dell'acqua (2005-2015) lanciato dalle Nazioni Unite: anziché mirare di ridurre di metà al 2015 il numero di persone che oggi non hanno accesso all'acqua potabile, darsi l'obiettivo di garantire l'accesso all'acqua potabile a tutti gli esseri umani al 2020.

Capitolo 2

I principi fondativi e le proposte a livello italiano

Una nuova politica di governo pubblico dell'acqua in Italia deve ispirarsi a **tre principi fondativi:**

- rigenerare il bene acqua dalla distruzione e devastazione di cui è stato oggetto negli ultimi decenni;
- operare una scelta politica maggiore: la ripublicizzazione della gestione dei servizi nel quadro di una visione integrata di governo di tutte le acque;
- ri-partire dalla partecipazione reale dei cittadini.

1.1 Rigenerare il bene acqua per un cambio radicale negli usi

Dopo il disastro che è stato fatto in questi anni in Italia rispetto al bene acqua, è necessario puntare alla rigenerazione del capitale idrico nazionale adottando severe misure di **riduzione drastica delle fonti di inquinamento e di contaminazione** tra le quali restano determinanti i pesticidi, i nitrati, gli idrocarburi, i metalli pesanti e, in maniera crescente, le sostanze tossiche di origine umana legate all'alta medicalizzazione delle nostre popolazioni. Ciò significa anche attuare realmente una politica coerente di **rigenerazione del suolo, del territorio, e su scala più globale, degli ecosistemi**, sovra-sfruttati da un'agricoltura intensiva orientata all'esportazione, da un'industria per la quale il principio di sostenibilità ha valore unicamente in termini di opportunità per la competitività. In larga parte, le leggi, i documenti programmatici ed i piani esistono ed alcuni sono anche di buona qualità. Quel che manca è un'effettiva cultura delle pratiche sociali, politiche ed umane corrispondenti.

A questo fine si propone di perseguire alcuni **obiettivi strategici prioritari** da realizzare negli anni 2005-2008:

a) **ridurre almeno del 40% le perdite in irrigazione con il metodo della "polverizzazione".** L'irrigazione rappresenta in Italia il 55% dei prelievi totali d'acqua dolce. Di questi, il 40% si perdono per evapo-traspirazione. Non è possibile continuare su questi livelli di spreco e di abuso. Le tecniche e le pratiche alternative esistono;

b) **portare al 12-15% i livelli di perdita delle reti di distribuzione** che, com'è noto, in Italia continuano a superare il 30-35% (in certe regioni del

Sud le percentuali raggiungono il 60%). La Svezia e la Svizzera sono al 9% di perdite delle reti di distribuzione, che è considerato il tasso naturale al di sotto del quale non si può scendere. Lo Stato, gli enti locali ed i cittadini si devono impegnare a trovare gli strumenti e le modalità per raggiungere un tale obiettivo. La creazione di "comitati di vigilanza" locali cui affidare il compito di mantenere i cittadini in allerta potrebbe essere un modo efficace di azione;

c) **effettuare un censimento generale dei pozzi.** Si stima che in Italia vi siano circa 1,5 milioni di pozzi illegali, che prendono acqua dove vogliono, senza nessun controllo. È tempo di porre fine a tale illegalità collettiva. Diventa necessario effettuare un censimento dei pozzi, verificando quanti sono sicuri, quanti sono inquinanti, chi li usa, come sono cambiate le loro morfologie.

A questi obiettivi strategici vanno associate le seguenti **azioni**:

a) **re-inventare la raccolta di acqua piovana.** In paesi a scarsità idrica come Israele la raccolta delle acque piovane è praticata in maniera sistematica. Essa comincia ad essere reintrodotta anche in Europa. A Saint Deny in Francia, le autorità municipali hanno deciso di creare degli invasi di acqua piovana per utilizzarla per la pulizia delle strade di Parigi;

d) **riduzione dei flussi negli usi domestici,** a livello di bagni, di toilette, grazie a sistemi di riciclaggio delle acqua reflue, laddove è possibile nei vecchi centri urbani, ma certamente in tutti i nuovi edifici collettivi (pubblici e privati), mediante l'introduzione di reti duali nei nuovi insediamenti.

2.1. Operare una scelta politica maggiore: ripubblicizzare il governo dell'acqua

Uno dei principali fattori che in Italia ed altrove hanno spinto le stesse classi dirigenti ad adottare processi di privatizzazione del governo dell'acqua è stato "il cattivo Stato", "il pubblico inefficiente e corrotto". La sfiducia nella capacità dei poteri pubblici di "governare" in maniera giusta ed efficace è alla base dell'apparente "legittimazione" dell'ondata di liberalizzazione, deregolamentazione e di privatizzazione che ha scombussolato il regime di governo dell'acqua nel ventennio 1980-2000.

Laddove il potere pubblico ha dimostrato di rispondere in grande misura ai suoi doveri ed alle attese dei cittadini, l'ondata di cui sopra non ha avuto luogo.

Certo, altri fattori hanno giocato in favore della liberalizzazione, deregolamentazione e privatizzazione dell'acqua; fra questi, non ultime una cultura strutturalmente antistatalista dei cosiddetti "liberali" e la ricerca senza tregua da parte del capitale privato di nuovi campi di opportunità di profitto. Pertanto una politica nuova nel settore dell'acqua in Italia, significa anzitutto **ri-costituire uno Stato di responsabilità, un pubblico efficace e onesto, ridare credibilità e capacità al governo pubblico.**

Lungi dall'avere favorito la necessaria trasformazione dello Stato, del pubblico, la scelta operata dai dirigenti politici, economici, e tecno-scientifici italiani degli ultimi dieci anni in favore di un governo dell'acqua di tipo privatistico, – non solo dal punto di vista istituzionale (affidamento ad imprese private, ad imprese miste, a società per azioni) ma anche dal punto di vista politico-culturale (approccio economicista, primato alla concorrenza mercantile e finanziaria) – ha ulteriormente aggravato il degrado del pubblico indebolendone le capacità d'azione e la visibilità presso i cittadini. Tant'è che in Italia, i governanti bistrattano lo Stato proclamando in coro *"il governo non è una soluzione ai nostri problemi, il governo è il problema"*.

Ripubblicizzare il governo dell'acqua implica ribaltare siffatta opzione culturale che ha trasformato i servizi comuni pubblici, in particolare i servizi idrici in "servizi industriali" (legge Galli). I servizi idrici devono invece essere considerati come servizi di funzione pubblica vitali perché inerenti al governo di un bene comune pubblico essenziale ed insostituibile per la vita e, quindi, facenti parte della sfera dei diritti umani.

Conformemente ai principi sopra descritti, **proponiamo che la ri-pubblicizzazione del governo dell'acqua si faccia attraverso i seguenti passaggi:**

A. definizione di una politica integrata dell'acqua, dove per "integrata" si intenda il governo coordinato di tutte le categorie dell'acqua e cioè:

- l'acqua per la vita e la salute: acqua potabile, acque minerali e di sorgente;
- l'acqua per la sicurezza d'esistenza collettiva: acqua per la produzione agricola, industriale ed energetica necessaria per assicurare l'esistenza di una comunità umana;

- l'acqua per usi e bisogni privati: a livello domestico, per attività di "piacere" (piscine, giardinaggio, campi di golf, turismo...), per attività agricole ed industriali destinate a beni e servizi non essenziali per fasce di consumatori abbienti, di lusso.

In questo contesto, è necessario procedere all'unificazione delle legislazioni attualmente frammentate (leggi per l'acqua potabile, leggi per l'acqua minerale, leggi per l'acqua ad uso produttivo..)

A tal fine, occorre:

a livello nazionale, ripensare una nuova legge quadro nazionale snella, che

- sancisca la natura di bene comune pubblico dell'acqua, e vieti ogni forma di privatizzazione del bene a livello di proprietà, gestione e controllo;
- istituisca un soggetto unico del governo dell'acqua – ciclo integrato –, di tutte le acque, a livello regionale, entro i principi e le regole fissate dalla nuova legge nazionale quadro;
- inventi una nuova ingegneria finanziaria per la copertura dei costi legati ad un governo del bene acqua guidato dalla volontà/dovere di garantire l'accesso all'acqua per tutti come diritto umano e la valorizzazione dell'acqua anche nell'interesse delle generazioni future e nel rispetto della sostenibilità degli ecosistemi;
- rinforzi la responsabilità ed il ruolo dei poteri locali;
- dia la priorità alla costituzione di società cooperative pubbliche, a lato delle aziende speciali e dei consorzi pubblici, come soggetti di gestione dei servizi idrici.

Una legge quindi che non si limiti a parlare di costi e di gestione degli usi domestici, ma affronti il nodo della fiscalità e delle tariffe per tutti gli usi idrici. Una legge che affronti il disordine che la cultura privatistica con la quale è stata gestita la legge Galli ha determinato nelle legislazioni regionali e nelle situazioni locali, con il proliferare di gestioni di reti di impianti e di erogazione di servizi ed il moltiplicarsi di consigli di amministrazione con sempre di meno riferimenti ai bacini idrografici;

- **a livello regionale,** riorganizzare, con leggi regionali ad hoc, l'insieme delle istituzioni, leggi, decreti che "governano" il settore dell'acqua valorizzando le

buone pratiche, le buone regole e le buone istituzioni (che esistono), introducendo dispositivi agili di partecipazione dei cittadini al governo dell'acqua;
- a livello locale, incoraggiare gli eletti locali (sindaci) che costituiscono i soci degli Ato, e che quindi hanno la responsabilità di salvaguardare il bene pubblico, ad optare per la gestione *in house*, per mantenere in Italia una condizione tale per cui, sulla base della dialettica politica e del confronto tra cittadini, movimenti sociali e istituzioni, si possa arrivare agli appuntamenti elettorali (2005 e 2006), con l'accettazione da parte dei responsabili politici e pubblici, dell'impegno per un programma di ri-pubblicizzazione del governo dell'acqua in Italia.

Secondo l'Oms (Organizzazione mondiale della sanità) e la Fao (Organizzazione mondiale per l'alimentazione) ogni persona ha bisogno per vivere di 5O litri al giorno di acqua potabile sana, nel mentre una comunità umana, diciamo la popolazione di uno Stato,ha bisogno per assicurare un'esistenza di vita collettiva adeguata di 1700m^3 all'anno per persona. Garantire l'accesso a tali quantità d'acqua nella qualità dovuta è l'oggetto del diritto umano e sociale, individuale e collettivo all'acqua. Esso implica un governo complesso ed integrato dell'insieme degli elementi e dei fattori naturali, sociali, economici e politici che solo i "poteri pubblici" possono esercitare.

B. Riorganizzare l'integrazione di tutte le funzioni (proprietà, gestione, controllo politico), con conseguente abbandono del principio, che ha trionfato nel corso degli ultimi dieci anni, della separazione tra proprietà del bene e delle reti, gestione dei servizi, controllo politico sulla gestione.

Per raggiungere tale obiettivo, occorre, ristrutturare il governo della gestione.

Per quanto riguarda le modalità di affidamento dei servizi pubblici da parte degli enti locali, rispetto alle tre modalità previste dall'attuale ordinamento italiano e comunitario, proponiamo di *adottare la modalità dell'affidamento diretto a società con capitale interamente pubblico*, cioè la gestione "*in house*", insieme a forme di gestione diretta, in economia, laddove quest'ultima modalità si riveli più pertinente ed efficace.

La gestione in house, è opportuno ricordarlo, non costituisce un'eccezione al diritto della concorrenza, ma rappresenta una gestione diversa, "alternativa", che deriva la sua legittimità dalla potestà di autorganizzazione dello Stato (amministrazione centrale e locale). Ove l'amministrazione intenda affidare un appalto di servizi ad un organismo di diritto pubblico, non è necessario ricorrere alle regole proprie del diritto della concorrenza.

La gestione in Spa è in contraddizione aperta con il governo pubblico di un diritto umano e sociale e di un bene essenziale alla sicurezza dell'esistenza collettiva.

La nuova trincea è quella di evitare la liberalizzazione (cioè la messa a gara sul mercato) dei servizi idrici. Nel contesto attuale e a breve termine, una soluzione consiste nell'affidare direttamente il servizio a Spa pubbliche approfittando degli spazi conquistati con l'art. 14 del D.L. 269/93, ed associando questa opzione con modifiche statutarie che determino il cosiddetto "controllo analogo". Per l'arco dei prossimi due/tre anni, proponiamo dunque che la gestione *in house* sia associata alle seguenti caratteristiche:

- Spa con capitale interamente pubblico (al 100%);
- ri-modulazione degli strumenti tipici del diritto societario *(quorum di costituzione e di deliberazione dell'assemblea ordinaria e straordinaria, nomine anche extra-assembleari, etc);*
- divieto di vendita ai privati di reti ed impianti; inoltre qualora gli enti locali conferiscano i propri beni alla Spa Patrimonio, devono prevedere esplicitamente nel proprio statuto e in quello della Spa, che i soci azionisti possono essere solo gli Enti locali;
- divieto di cessione ai privati di quote del capitale da parte dei soci della Spa pubbliche;
- principio del re-investimento degli utili della Spa per un miglioramento del servizio pubblico (in particolare, campagne di sensibilizzazione dei cittadini per ridurre consumi, sprechi e per modalità di partecipazione dei cittadini) della qualità ed accessibilità del servizio per l'utenza;
- obbligo di svolgere le attività solo a livello dell'Ato di appartenenza e quindi divieto di concorrere ai bandi in altri territori;
- divieto di costruire multiutilities con capitale privato e partecipare alla costituzione di aggregazioni in società di scopo/filiera de-territorializzate ed attivare invece Consorzi pubblici multi-settoriali (economia pubblica di flussi e reti);

- ri-pubblicizzazione della gestione e distribuzione delle acque minerali su basi cooperative, con revoca delle concessioni di sfruttamento concesse ai privati.

3. Re-inventare un'ingegneria finanziaria del governo dell'acqua, fondata sul finanziamento pubblico dei costi relativi all'acqua per la vita e per la sicurezza dell'esistenza collettiva, e su una gestione finanziaria dei costi associati alle altre categorie d'acqua sulla base dei meccanismi dell'economia di mercato, regolati nel rispetto dell'interesse generale.

Si propone di realizzare la nuova ingegneria finanziaria del governo dell'acqua articolandola su tre capisaldi:

A. L'affermazione della coerenza e pertinenza del *finanziamento pubblico.*

Un diritto umano, un bene comune, un servizio pubblico, devono essere finanziati dalla collettività mediante il "tesoro pubblico", le risorse finanziarie della collettività stessa. Non si può ammettere che un diritto umano sia finanziato da privati.

In questo senso bisogna opporsi all'ingegneria finanziaria proposta nel rapporto "*Financing Water for all*" del "*Panel Camdessus*" costituito dal Consiglio Mondiale dell'Acqua e sostenuto dalla Banca Mondiale e da numerosi governi occidentali. Il rapporto Camdessus propone principalmente il ricorso a strumenti finanziari di tipo "privatistico" (prezzo ai consumatori, ricorso ai mercati finanziari, prestiti dalle istituzioni multilaterali internazionali, partenariato pubblico privato...) in una logica il cui principio fondatore è, come esplicitamente affermato, quello di creare in ogni paese le condizioni ottimali per attirare il capitale privato ad essere interessato a finanziare i servizi idrici, assicurando alti livelli di ritorno sugli investimenti e la sicurezza del diritto di proprietà dei beni o dei servizi.

B. l'adozione di un sistema di tariffazione a tre livelli:

- **il primo livello è quello del diritto**. L'accesso ai 50 litri per persona, al giorno, che costituiscono un diritto universale, devono essere presi a carico della collettività (dal locale al mondiale). Per il cittadino si tratta di tariffa zero. Cosi facendo non v'è gratuità. I costi non spariscono. Essi sono presi in carico da parte della collettività la quale finanzia le spese inerenti tramite le finanze pubbliche, alimentate dalla fiscalità generale e specifica;

- **il secondo livello è quello della sostenibilità**. È opinione diffusa che l'uso di 120 litri al giorno per persona rappresenti un quantitativo sufficiente per accedere ad un livello di benessere ammissibile sul piano di un utilizzo sostenibile dell'acqua; per i consumi tra 50 e 120 litri al giorno per persona – si può' dunque applicare una tariffa non superiore ai costi reali di produzione. Se invece l'uso giunge a 200 litri, siamo in presenza di una gestione dell'acqua che diventa insostenibile anche se non in maniera devastatrice del bene. In questo caso si applica una tariffa progressiva. Ricordiamoci che gli svedesi vivono con 119 litri al giorno e che gli svizzeri vivono benissimo con 153 litri/giorno, mentre in Italia ne consumiamo 219 e non siamo in una buona situazione.
- **il terzo livello è quello della non sostenibilità e quindi del divieto.** Se si usa più di 200 litri al giorno vi è un livello di spreco insostenibile; un tale consumo non si può comprare pagando, ma deve essere vietato in applicazione del principio che "chi inquina non può farlo", e non invece proponendo il principio che "chi inquina paga". Consumi di 400 litri al giorno come per i Canadesi, o di 4100 litri al giorno, come per i californiani, è evidente che sono fattori da contrastare.

C. La **"re-invenzione di istituzioni finanziarie pubbliche"** per la gestione del risparmio delle collettività territoriali e delle famiglie su basi mutualistiche cooperative. Gli ultimi 15 anni hanno visto la scomparsa della maggior parte delle istituzioni finanziarie pubbliche; in Italia non c'è più una vera Cassa Depositi e Prestiti pubblica, perché questa istituzione, a cui si rivolgevano soprattutto gli enti locali, è stata privatizzata. Perché dobbiamo pensare che sia impossibile ripensare e rilanciare ancora la Cassa Depositi e Prestiti con funzione pubblica?

Le Casse di Risparmio sono state privatizzate; le cooperative di risparmio sono state privatizzate.

Tentiamo di ricreare e re-inventare un credito comunale pubblico che possa raccogliere i risparmi delle famiglie e delle comunità locali, per finanziare i beni pubblici ed i servizi pubblici. Si può cominciare attraverso cooperative di tipo mutualistico, ma soprattutto avere una struttura centrale, cioè una Cassa Depositi e Prestiti che ridia vigore ad un politica pubblica, per un investimento pubblico, per i servizi pubblici locali.

2.3. Partire dalla promozione della partecipazione reale dei cittadini

Sul piano degli strumenti di partecipazione e del coinvolgimento dei cittadini è possibile constatare che il cammino da fare, sia a livello di presa di coscienza che di accettazione di modalità partecipate di cogestione delle decisioni da parte degli amministratori, è ancora tutto in salita.

Esistono però alcune esperienze significative che possono facilitare ed accrescere i livelli di partecipazione da parte di cittadini e di espressioni organizzate come le associazioni di categoria.

Percorsi come *Agenda 21*, che in questi anni hanno attivato percorsi seminariali sull'acqua rivolti al mondo della scuola, degli utenti e degli amministratori, hanno consentito l'applicazione della "Carta dei servizi", e l'introduzione di alcune iniziative concrete sul piano della riduzione dei consumi.

Inoltre, esperienze come quelle del *bilancio partecipativo* e del *nuovo municipio*, costituiscono strumenti forti di sperimentazione di forme più ricche di discussione, consultazione e coinvolgimento dei cittadini.

In assenza di nuove modalità incisive sul piano decisionale e quindi di coassunzione di responsabilità da parte dei cittadini, è difficile affrontare, con un approccio di condivisione, le scelte che la politica nuova di governo pubblico dell'acqua oggi richiede.

Pertanto, si propone di:

- prevedere, a livello degli Ato, la costituzione dei "Consigli dei cittadini", con potere vincolante rispetto alle decisioni in materia di governo dell'acqua (piano territoriale, tariffazione, investimenti, etc.);
- attivare a livello regionale dei "tavoli di coordinamento" tra gli Ato, aperti alle associazioni ed alle rappresentanze dei cittadini;
- promuovere delle campagne di sensibilizzazione per la promozione di comportamenti responsabili;
- organizzare una consultazione nazionale in materia di pubblicità degli atti e delle decisioni gestionali che attengono ai servizi idrici e per una nuova legge sull'acqua;

- rinforzare gli atti di solidarietà con progetti di cooperazione internazionale e azioni di gemellaggio con città e comunità che hanno problemi di gestione o di accesso all'acqua;
- aderire e far aderire alla Dichiarazione di Roma;
- partecipare agli appuntamenti dell'acqua: Fame 2005 (Ginevra 17-20 marzo 2005) e Assemblea dei cittadini per l'Acqua (settembre 2006).

Appendice

Lista ricapitolativa delle proposte

Qui di seguito, le proposte del Comitato Italiano per una nuova politica di governo pubblico dell'acqua in Italia, differenziate per livelli di intervento e per soggetti.

Livello nazionale

Si richiede di avviare l'iter parlamentare per il varo di una nuova legge quadro nazionale che sancisca i principi enunciati nel Manifesto Italiano 2005 e cioè:

- il riconoscimento dell'acqua come diritto umano, universale, inalienabile, imprescrittibile;
- il riconoscimento dei servizi idrici come servizio pubblico nazionale, con riferimento ai principi di uguaglianza di tutti i cittadini e di universalità dei servizi primari sanciti dall'art. 3 della Costituzione italiana;
- l'introduzione del principio della ri-pubblicizzazione dei servizi idrici e la revisione dell'art. 113 del Tuel allo scopo di reinserire le aziende speciali ed i consorzi pubblici tra i soggetti che possono gestire i servizi idrici;
- l'istituzione di modalità di finanziamento dei servizi idrici pubblici, attraverso meccanismi di fiscalità generale e la costituzione di Fondi Nazionali di solidarietà e di casse nazionali, per il finanziamento delle opere infrastrutturali e della copertura dei costi dell'accesso all'acqua come diritto;
- il riconoscimento con leggi quadro nazionali o a livello regionale dei Consigli dei cittadini per l'acqua (in ottemperanza all'art.118 della costituzione che riconosce il valore dell'autonoma iniziativa dei cittadini, singoli ed associati, per lo svolgimento di attività di interesse generale);

- l'obbligatorietà dell'adozione da parte di tutti gli enti locali di una Carta dei Servizi e la proposta di elaborazione di una *Carta europea del diritto all'acqua* dei cittadini.

Livello regionale

Si richiede:

- lo scorporo dei servizi idrici dai servizi a rilevanza economica e quindi industriale;
- l'assunzione dell'impegno da parte delle Regioni a tutelare tutte le acque (di superficie e sotterranee) di loro competenza come bene comune;
- la ri-pubblicizzazione del governo della gestione dei servizi idrici;
- la costituzione di tavoli regionali di coordinamento fra i vari Ato al fine di favorire progetti unitari per la gestione di servizi idrici integrati secondo criteri di efficacia;
- la costituzione di Fondi regionali per garantire il diritto umano all'acqua, tramite percentuali sulla tariffa, e per la difesa e la tutela del patrimonio idrogeologico, ivi comprese la salvaguardia delle sorgenti delle comunità montane;
- l'introduzione di incentivi per favorire gli investimenti da parte dei cittadini, degli enti cooperativi e delle imprese per migliorare la qualità delle acque da rubinetto, ridurne l'uso, ed i consumi per usi non potabili tramite il riciclaggio, il riutilizzo delle acque reflue e l'introduzione delle reti duali nelle abitazioni e nei nuovi insediamenti industriali, la raccolta e il trattamento delle acque piovane;
- l'organizzazione di un censimento dei pozzi e delle fonti esistenti sul territorio;
- l'introduzione di misure destinate alla riduzione dei consumi per usi agricoli ed industriali;
- l'applicazione di una tassa regionale sull'imbottigliamento delle acque minerali pari almeno a 0,516 Euro per ogni 100/lt (1 lira al litro) attualmente applicata solo da tre Regioni;
- la ri-pubblicizzazione della gestione e distribuzione delle acque minerali su basi cooperative.

Livello Provinciale

Si richiede:

- un effettivo ruolo di coordinamento politico degli indirizzi di gestione dei servizi idrici, privilegiando la dimensione dei bacini idrogeologici a livello di Ato;
- il censimento e monitoraggio, a livello dei singoli Ato, dei prelievi abusivi da pozzi e da prese da acquedotti ed il sostegno a programmi di riduzione degli sprechi, delle perdite e dei prelievi;
- l'impegno a destinare un centesimo di euro per metro cubo di acqua fatturato come contributo al finanziamento di specifici interventi di cooperazione che perseguano modelli
- sostenibili di gestione delle risorse idriche nei paesi sofferenti di carenza di acqua potabile (garantire i 40 litri come diritto inalienabile)

Livello Comunale

Si richiede:

- la revisione dello statuto dell'Ato nel senso sopraindicato;
- la realizzazione di campagne di sensibilizzazione per disincentivare il consumo di acqua in bottiglia;
- l'impegno alla ri-pubblicizzazione degli Ato che hanno già effettuato l'affidamento ad una "gestione mista";
- l'introduzione di norme funzionali al risparmio idrico, in particolare alla realizzazione di reti duali, nelle nuove concessioni edilizie;
- l'introduzione di incentivi per l'adozione nelle abitazioni, negli uffici pubblici, negli hotel, di tecnologie di riduzione dei consumi (riduttori di flussi).

Livello degli Ato e degli Enti Gestori

- obbligo di svolgere le attività idriche solo a livello dell'Ato di appartenenza; la Spa deve operare solo a livello di ambito territoriale;
- divieto di adesione o di fusione ad imprese multiutility;
- adozione di una politica delle tariffe differenziate definite sulla base dei principi proposti dal Manifesto, proporzionali ai consumi ed agli usi a partire dal riconoscimento dei 40 litri come diritto di base da assicurare ad ogni cittadino;

- contrarietà alla "imprenditorializzazione", cioè ad una gestione dell'acqua come un prodotto industriale di impresa;
- divieto negli Statuti di cessione da parte di soci della Spa di quote di capitale di assenza di diritto di prelazione;
- divieto alla privatizzazione e vendita delle Reti idriche;
- presenza di modalità di partecipazione dei cittadini e di democrazia dell'acqua;
- investimenti per campagne di informazioni ai cittadini/utenti finalizzata a promuovere il consumo di acqua dal rubinetto, ridurre i consumi, migliorare la qualità dell'acqua di rubinetto;
- attivazione dei contatori per famiglia, applicazione di canoni sui consumi, campagne di informazioni sui cittadini per valorizzare le acque da rubinetto e per promuovere la riduzione dei consumi;
- informazione, attraverso le bollette, sulle politiche degli Ato rispetto alle analisi dell'acqua di rubinetto;
- tariffe differenziate in funzione dell'uso (alimentare, produttivo, industriale);
- applicazione dei principi del Manifesto sulla tariffazione: 40 litri come diritto, a carico della fiscalità generale e tariffe proporzionali ai consumi;
- utilizzo di acqua da rubinetto nelle mense scolastiche, nelle strutture pubbliche, rifiutando l'acqua minerale o in boccioni.

Livello dell'ingegneria finanziaria

Si propone:

- la presa a carico della collettività dei costi associati all'accesso all'acqua potabile come diritto umano (40-50 litri per persona al giorno), tramite la fiscalità (tariffa del diritto umano);
- una tariffazione differenziata tra 50 e 180/200 litri al giorno per persona per usi idropotabili proporzionale ai consumi (tariffa della sostenibilità);
- la non applicazione del principio che chi paga può consumare quanto acqua vuole. Al di là dei 200 litri, applicare il divieto (tariffa del divieto): chi abusa non può;
- l'applicazione di una water tax sui prelievi delle acque minerali e sulle acque purificate per ogni litro imbottigliato;

- l'applicazione di un sistema di tassazione mondiale a fine ridistributivo a livello locale, nazionale, continentale e mondiale, mediante la destinazione dello 0,01% del Pil dei paesi dell'Ocde destinato ad un fondo per il diritto all'acqua;
- una fiscalità specifica a livello locale, continentale, mondiale, a titolo provvisorio o di lunga durata (tassa di solidarietà per Ato o su base regionale, es. centesimo/per m3 sulle tariffe di consumo);
- la creazione di Fondi cooperativi nazionali e mondiali per le collettività locali e di nuovi dispositivi finanziari differenti dalla Banca Mondiale e dal Fmi atti a gestire le entrate provenienti dalle misure già menzionate quali:
- i *centesimi della pace*, cioè l'allocazione sui fondi per l'acqua dell'1% di riduzione dei bilanci approvati delle spese per gli armamenti (stima 9 miliardi di $ all'anno);
- i *centesimi di un altro consumo*, cioè prelievo in tutti i paesi di un centesimo su ogni bottiglia di acqua minerale;
- i *centesimi della solidarietà*: cioè un centesimo di euro per ogni metro cubo di acqua potabile consumata;
- l'esenzione IVA sui servizi svolti dagli Ato in quanto effettuato da Ente pubblico relativo al servizio pubblico a favore dei Comuni e degli utenti;
- il trasferimento dal governo regionale agli Ato di un contributo in conto esercizio per la compartecipazione alle spese amministrative e generali che dovranno sostenere;

Ruolo dei cittadini

Si propone:

- la mobilitazione per la raccolta di adesioni a sostegno della Dichiarazione di Roma;
- l'inserimento negli statuti di Comuni, Province e Regioni del riconoscimento del diritto all'acqua come diritto umano;
- trasformazione dell'acqua in uno strumento di Pace attraverso iniziative da parte di Comuni, Province, Regioni e Stati per sancire, con ordini del giorno, delibere ed altri documenti, il ripudio dell'uso dell'acqua per fini politici o militari e come strumento di oppressione, di esclusione e di ricatto;

- il coinvolgimento dei cittadini nei processi decisionali relativi al governo dell'acqua, a tutti i livelli, con la costituzione dei Consigli dei cittadini;
- la promozione di comportamenti responsabili sul piano dei consumi (tra l'altro, ridare priorità, per bere, all'acqua da rubinetto e non alle acque in bottiglia);
- la pubblicizzazione dei principali atti delle aziende e degli Enti di gestione (bilancio, programmi di investimento, piani industriali);
- la comunicazione ai cittadini/utenti delle principali scelte e politiche aziendali con convocazione, a livello di Ato, di assemblee aperte agli utenti.

INDICE

Documenti

Finito di stampare
per conto delle Edizioni Intra Moenia
nel marzo 2006
presso «Cangiano Grafica s.r.l.» di Napoli